PORTRAITS D'UN MONDE ÉBRANLÉ PAR LE CHANGEMENT CLIMATIQUE

SPITZBERG, BANGLADESH, CHINE, INDONÉSIE, ALPES, CAMARGUE...

PORTRAITS D'UN MONDE ÉBRANLÉ PAR LE CHANGEMENT CLIMATIQUE

plume de carotte
EN PARTENARIAT AVEC
Le Monde

PRÉFACE

SPITZBERG, BANGLADESH, CHINE, INDONÉSIE, RÉUNION, MADAGASCAR, ALPES, CAMARGUE…
PORTRAITS D'UN MONDE ÉBRANLÉ PAR LE CHANGEMENT CLIMATIQUE

Des millions d'hommes et de femmes, souvent parmi les plus pauvres, en payent déjà le prix. Hausse des températures, sécheresse, intensification des événements extrêmes, baisse des rendements agricoles, élévation du niveau de la mer, le réchauffement est à l'œuvre aux quatre coins de la planète. Depuis le début de l'ère préindustrielle, les températures terrestres ont augmenté de 0,85 °C. Et si aucune politique climatique ne change drastiquement les modèles économiques et énergétiques, les experts prédisent un réchauffement de plus de 4,8 °C à la fin du siècle. Les glaces vont continuer à fondre, les glaciers continentaux – Himalaya, Alpes, Andes –, les calottes glaciaires du Groenland et de l'Antarctique de l'Ouest. Au pôle Nord, la banquise arctique estivale a perdu entre 9,4 % et 13,6 % depuis 1979.

Les conséquences seront innombrables et l'humanité en péril. Une grande partie des littoraux sera submergée, privant de terre des millions d'habitants, les catastrophes climatiques s'enchaîneront, l'acidification des océans s'amplifiera, menaçant de nombreux organismes marins. L'extinction de la biodiversité déjà en cours sera massive. D'ici à la fin du siècle, au rythme actuel des émissions de gaz à effet de serre, 30 % de la biodiversité pourrait disparaître. Le réchauffement priverait un tiers des espèces vivantes d'un environnement adapté à leur survie. Les espèces terrestres les plus mobiles comme les poissons, les insectes ou les oiseaux ont déjà déplacé leur aire de vie de plusieurs centaines de kilomètres vers le nord.

Les causes du réchauffement climatique ne sont plus discutées. L'homme est le principal responsable des gaz à effet de serre émis dans l'atmosphère, le dioxyde de carbone (CO_2) issu à 80 % de la combustion des ressources fossiles – charbon, gaz, pétrole –, le méthane produit par l'élevage ainsi que l'exploitation pétrolière et gazière, et le protoxyde d'azote issu des engrais azotés et de certains procédés industriels. Historiquement, les pays riches – pour l'essentiel les États-Unis et l'Europe – sont les principaux responsables de ces rejets carbonés. Environ les deux tiers des émissions cumulées depuis 1850 leur sont imputables. Mais ces dernières années, la part des nations émergentes a fortement augmenté. La Chine est désormais le premier émetteur, devant les États-Unis, l'Union européenne, l'Inde, la Russie, l'Indonésie et le Japon.
Les responsabilités sont désormais partagées, même si les pays du sud demandent leur part légitime de développement.

Les pays les plus menacés par les dérèglements du climat ne sont pas les plus gros émetteurs mais les plus pauvres. Le Tchad, le Bangladesh, le Niger, Haïti, la République centrafricaine, le Soudan du Sud, le Nigeria, le Soudan, la Guinée-Bissau et la République démocratique du Congo sont les dix États les plus exposés.

En décembre 2015, lors de la COP21 à Paris, 195 États ont, après vingt ans de vaines négociations, conclu un accord, au terme duquel ils s'engagent à contenir le réchauffement en deçà de 2 °C et si possible 1,5 °C. Les efforts pour atteindre cet objectif sont immenses. Il faudra une véritable révolution pour y parvenir. Les États devront renoncer à exploiter une grande partie de leurs réserves fossiles et développer à marche forcée les énergies renouvelables. Les entreprises devront se réformer. Les citoyens eux-mêmes devront opter pour des modes de vie moins polluants. Sans l'effort de tous, rien ne sera possible. Pour l'heure, les promesses des États conduisent à une hausse des températures de plus 3 °C. C'est beaucoup trop pour préserver l'équilibre de la planète, sauvegarder la biodiversité, indispensable à sa survie. Pour avoir une chance de demeurer sous le seuil critique des 2 °C de réchauffement, il faudrait réduire au minimum de 40 % les émissions de gaz à effet de serre d'ici à 2050.

Le temps presse. L'année 2015 a battu tous les records. Pour la première fois, la température a franchi le cap de 1 °C de réchauffement par rapport à l'ère préindustrielle. Le seuil de concentration atmosphérique moyenne de dioxyde de carbone, principal gaz à effet de serre émis par l'homme, a atteint 400 parties par millions (ppm). Un tel niveau de concentration de CO_2 est inédit depuis le pliocène, voilà 5,3 millions d'années, à une époque où le niveau des océans fluctuait entre 5 mètres et 40 mètres au-dessus du niveau actuel et où apparaissaient tout juste les premiers représentants du genre homo. Ce taux était de 270 ppm environ au cours de la période préindustrielle et n'a jamais excédé 300 ppm au cours du dernier million d'années.

Le Monde a entrepris de raconter les assauts du réchauffement climatique. De Madagascar, l'île battue par tous les maux du dérèglement climatique, aux sources du Yangzi, le château d'eau de l'Asie en péril, en passant par la Nouvelle-Orléans, citadelle assiégée par les eaux, ou plus près de nous la Camargue, fragile dentelle grignotée chaque jour par la mer, quatorze grands reportages témoignent des mutations en cours et des solutions mises en œuvre pour tenter de préserver la planète.

Sophie Landrin et Audrey Garric,
service Planète du journal *Le Monde*

SOMMAIRE

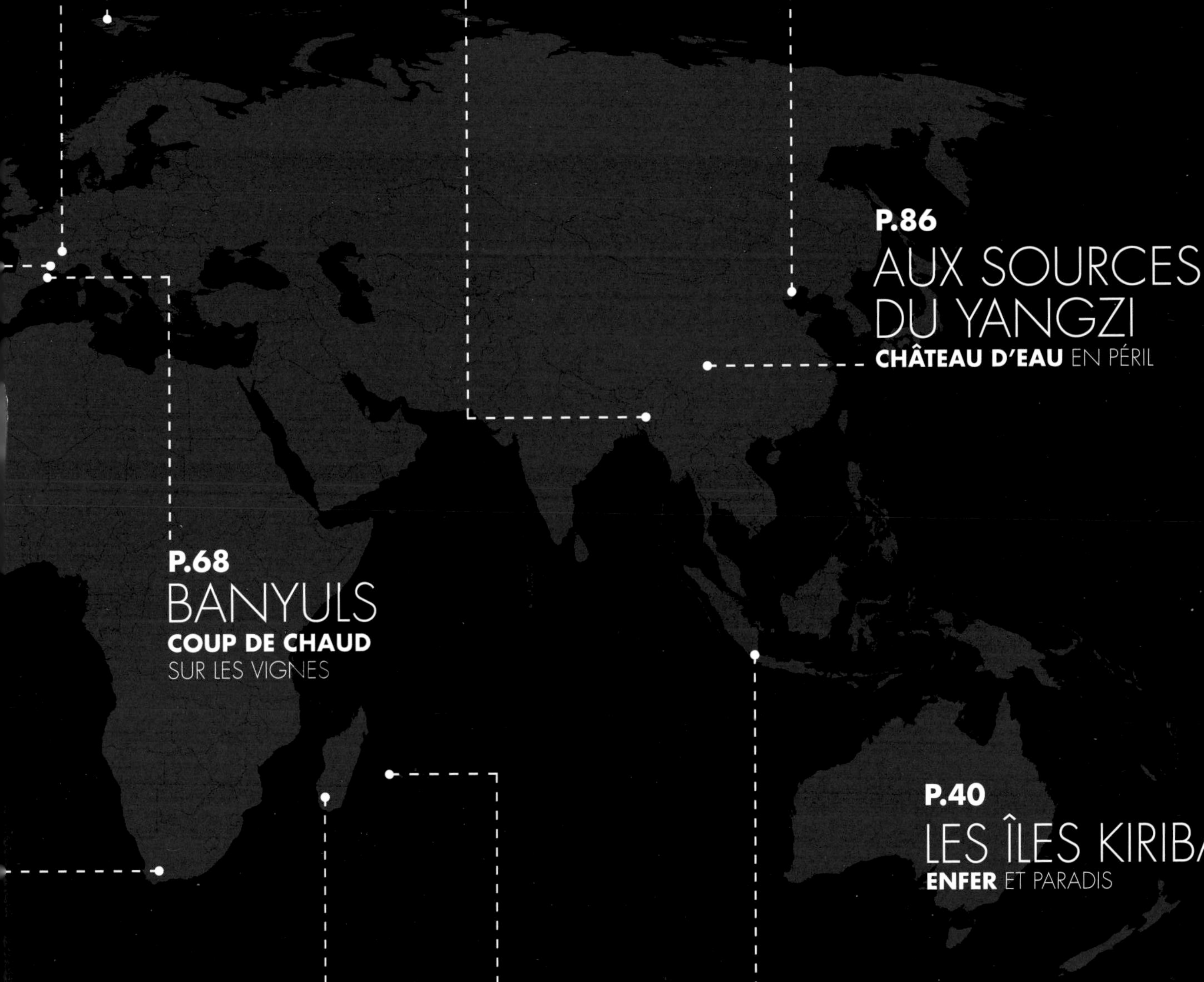

Texte : **JULIEN BOUISSOU**
Photos : **SARKER PROTICK**

AU BANGLADESH
LES PRISONNIERS DU BRAHMAPOUTRE

PAGES D'OUVERTURE : Lors du déménagement d'une maison d'une île sur l'autre, deux jeunes gens transportent les plaques de tôles à la pirogue.
CI-DESSOUS : Un homme jette son filet d'une berge rongée par le fleuve Jamuna.

DANS LA RÉGION DES « CHARS », LE FLEUVE VORACE ABSORBE TOUT, ÎLES ET HABITATIONS, FORÇANT LES POPULATIONS À L'EXIL.

AU RYTHME ACTUEL DU RÉCHAUFFEMENT CLIMATIQUE, LE PAYS PERDRA JUSQU'À 17 % DE SON TERRITOIRE D'ICI À 2050 ET COMPTERA ENTRE 13 ET 40 MILLIONS DE DÉPLACÉS CLIMATIQUES.

Pour la quatorzième fois de sa vie, Shaina s'est résignée à partir. Elle a demandé de l'aide à ses voisines pour démonter sa maison, puis a rangé quelques poussins dans une casserole, ficelé les pattes de ses poules, enroulé des vêtements et ustensiles de cuisine dans des ballots, et embarqué sur une longue pirogue pour accoster sur l'île d'en face. En quelques heures, sa cabane en tôle a été reconstruite sur un carré d'herbe brûlé par le soleil. Shaina distribue un repas à ceux qui l'ont aidée, faute de pouvoir les payer, le visage dissimulé derrière son sari usé. Quand on lui demande son âge, elle répond avoir eu quatre enfants et être née *« quelque part au milieu du fleuve, sur une île qui a sûrement disparu »*.

Cette paysanne à la peau tannée, dure comme le cuir, a l'habitude des déménagements soudains : *« Le fleuve est imprévisible. Hier, il n'était plus qu'à quatorze mains de nous, et menaçait de nous engloutir. »* En cette fin de mousson, le Jamuna (Brahmapoutre) dans le nord du Bangladesh, est particulièrement vorace. Il a avalé la moitié de son terrain dans la nuit, en silence, comme si la terre avait fondu dans le fleuve. Soumis à l'élévation du niveau de la mer, à la fonte des glaciers de l'Himalaya, à la multiplication et à l'intensification des catastrophes naturelles comme les cyclones, à la modification du régime des précipitations provoquant aussi bien sécheresses qu'inondations dévastatrices, le Bangladesh est l'un des pays au monde les plus exposés au changement climatique, alors qu'il n'est qu'un petit pollueur (65 millions de tonnes de CO_2 en 2013).
Shaina vit dans les *chars*, des îles qui apparaissent puis disparaissent au gré des courants du fleuve Jamuna. Celui-ci est si large, jusqu'à 17 km pendant la saison des pluies, qu'il pourrait contenir Paris entre ses deux rives. Selon ses caprices, il fait et défait la vie des habitants, et sous l'effet du réchauffement climatique, pourrait bientôt les forcer à l'exil. Une étude menée par le Centre pour l'environnement et les services d'information géographiques (Cegis), qui dépend du ministère bangladais des ressources en eau, prédit une augmentation de 10 % de la crue du fleuve et une aggravation de l'érosion de 20 % dans cette région d'ici à 2050. Les crues, gonflées par la fonte des glaciers de l'Himalaya et la libération des eaux par les barrages indiens en amont, risquent de submerger les îles.

Mais Shaina n'en a pas conscience. Elle n'a pas entendu parler du changement climatique ou très vaguement. En revanche, *« les inondations sont de plus en plus imprévisibles et soudaines »*, constate-t-elle, en pointant du doigt le mur en tôle de sa cabane qui porte les traces de la dernière inondation, à 30 centimètres de hauteur. Plusieurs semaines par an, les habitants doivent vivre à la surface de l'eau, en surélevant leur lit, leurs meubles. Certains sont même obligés de s'installer sur leur toit.

CI-DESSUS : Shaina vit dans les *chars*, des îles qui apparaissent puis disparaissent au gré des courants du fleuve Jamuna.

CI-DESSOUS :

- Du mobilier sur la berge en attente d'être enlevé avec le reste de la maison.
- Les buffles sont utilisés pour l'agriculture mais aussi pour le transport.

CI-CONTRE : L'accès aux services de base, comme la santé ou l'éducation, doit s'adapter à la mobilité grandissante des habitants.

LE FLEUVE ENFERME LES ÎLES ET LEURS HABITANTS DANS UN MONDE À PART, LOIN DE LA TERRE FERME, DE LA VIE IMMOBILE, DU DÉVELOPPEMENT.

Une île disparaît en moyenne au bout de douze ans. La vie y est précaire, provisoire. Rien ne pousse bien haut dans les environs. Les rares eucalyptus sont coupés par les habitants avant que le fleuve ne les emporte. L'horizon est désespérément plat et vide. Seules quelques minces silhouettes se détachent du ciel comme des ombres chinoises, labourant les terres pendant la saison sèche, ou plongeant leurs filets pendant la mousson, dans l'espoir de capturer une poignée de poissons de friture. Le fleuve enferme les îles et leurs habitants dans un monde à part, loin de la terre ferme, de la vie immobile, du développement.

Shaina rêve de vivre sur une « *terre en qui on peut avoir confiance, qui ne se dérobe pas sous nos pieds en emportant notre vie avec* ». Mais celle-ci coûte trop cher, même sur les berges du fleuve, qui est à une ou deux heures de bateau. Sur les îles, le prix des terrains se calcule en fonction de la distance par rapport au fleuve, et donc de leur risque d'érosion. D'ailleurs, le plus souvent, les louer quelques années revient à les acheter puisque les îles sont vouées à disparaître. En leur centre, où la vie dure un peu plus longtemps qu'en périphérie, vivent les moins pauvres. Lorsque les plus vulnérables doivent partir reconstruire leur vie ailleurs, sur une autre île, ils doivent payer un « tarif d'installation » à leur nouveau propriétaire, lui reverser une dîme sur leurs récoltes, ou encore élever son bétail.

CI-DESSUS :
- Plusieurs semaines par an, les habitants doivent vivre à la surface de l'eau, en surélevant leur lit, leurs meubles.
- Les moins pauvres vivent au centre de l'île qui est plus protégé de l'érosion.

CI-CONTRE : Sur les îles, le prix des terrains se calcule en fonction de la distance par rapport au fleuve, et donc de leur risque d'érosion.

LA HAUSSE DE LA DENSITÉ HUMAINE ACCROÎT LES TENSIONS SOCIALES.

Il y a aussi des îles qui surgissent au milieu du fleuve, mais les habitants les plus vulnérables ne peuvent les occuper. Théoriquement, les bancs de sable qui apparaissent sont la propriété du gouvernement, qui les redistribue aux sans-terre. Mais, cinq ans plus tard, lorsque les limons et les sédiments viennent les recouvrir, les rendant fertiles, c'est une autre histoire qui se joue.

Abdul Kader, un colosse à la carrure de lutteur, la connaît bien. Ce propriétaire de 90 hectares qui règne sur 3 500 âmes, raconte, les yeux plantés dans ceux de son interlocuteur, comment il a mené une bataille rangée dans l'île voisine pour la conquérir. Un affrontement avec 100 hommes de chaque côté, armés de bâtons et de lance-pierres, qui s'est soldé par un mort et par sa victoire. Au cours des trois dernières années, onze affrontements ont eu lieu dans les districts de Gaibandha et de Kurigram, faisant dix morts. *« Avant, c'est nous qui cherchions des habitants pour peupler nos îles. Aujourd'hui, c'est l'inverse. Les terres sont toujours aussi rares et la population a augmenté »*, glisse Abdul Kader. Et inutile de porter plainte ou de se rendre au poste de police, à deux heures d'ici. *« La police s'achète si facilement »*, s'amuse le grand propriétaire.
Les îles n'échappent pas à la pression démographique du reste du pays. La densité du Bangladesh est la plus élevée du monde. Même un pays comme les États-Unis qui accueillerait toute la population mondiale serait moins dense que le Bangladesh. *« Dans les* chars, *le rythme d'érosion est cinq fois supérieur au rythme d'accrétion »*, explique Marie-Pierre Arsenault, ancienne chercheuse au Centre pour le développement durable, basé à Dacca. La hausse de la densité humaine accroît les tensions sociales.

CI-DESSUS :
- À chaque fois que les habitants d'une île sont dans l'obligation de déménager et de trouver une autre île, ils le font ensemble pour reformer une communauté. Ici, une nouvelle installation.
- Abdul Kader, propriétaire de 90 hectares qui règne sur 3 500 âmes. Il a mené une bataille rangée dans l'île voisine pour la conquérir.

SOUS L'EFFET DU CHANGEMENT CLIMATIQUE, LA MOBILITÉ DES HABITANTS DEVRAIT S'ACCÉLÉRER ET L'ACCÈS AUX SERVICES DE BASE, COMME LA SANTÉ OU L'ÉDUCATION, DOIT S'ADAPTER À CETTE NOUVELLE RÉALITÉ.

Les lois du Bangladesh ne sont pas arrivées jusqu'aux *chars*, laissant prospérer un système féodal où les plus vulnérables se mettent au service des grands propriétaires en échange de leur protection. Il n'y a ni tribunal ni police. Friendship, l'une des rares ONG à s'intéresser au sort des habitants, pallie les défaillances de l'État. Elle a formé dans chaque village des équipes « paralégales », pour sensibiliser les habitants à leurs droits, et à l'interdiction des mariages précoces, courants dans cette région. Un bateau-hôpital de l'ONG sillonne les îles, avec à son bord des blocs opératoires. Les patients parcourent jusqu'à 100 km et campent devant le navire, la nuit, pour pouvoir bénéficier d'une consultation le lendemain matin. Des équipes médicales satellites se rendent au moins une fois par mois dans chacune des îles, soigner les malades et mener un travail de prévention.

Sous l'effet du changement climatique, la mobilité des habitants devrait s'accélérer et l'accès aux services de base, comme la santé ou l'éducation, doit s'adapter à cette nouvelle réalité. *« Les besoins des populations les plus vulnérables sont simples et il faut leur apporter des solutions simples »*, insiste Runa Khan, la directrice et cofondatrice de l'ONG. Chez Friendship, les hôpitaux sont flottants et les écoles doivent être démontables en seulement quelques heures. *« Le travail doit être poursuivi pour préparer les îles au changement climatique,* reconnaît toutefois Runa Khan. *Il faut former les habitants à évacuer leurs terres en cas d'urgence, et leur donner les moyens de protéger leurs économies, quand il y en a, sur des comptes en banque. »* Comme dans le reste du pays, ce sont souvent les plus pauvres qui sont victimes du réchauffement climatique. *« C'est un cercle vicieux. Si la pauvreté limite les capacités de résilience des populations, la récurrence des catastrophes naturelles freine à son tour leur développement économique et social »*, note Alice Baillat, doctorante au CERI Sciences Po Paris.

L'ÉROSION DES BERGES DÉPLACERAIT ENTRE 500 000 ET 1 MILLION DE PERSONNES PAR AN AU BANGLADESH.

L'ONG Friendship a recensé les populations les plus vulnérables, personnes âgées, enfants et femmes enceintes, dans chaque village, pour qu'elles soient secourues en priorité lors des inondations. Un bateau a été désigné dans chaque île pour transporter les habitants, et le numéro de téléphone de l'ONG leur a été communiqué. Et pour ceux qui s'apprêtent à partir dans les villes, il faut leur apprendre à lire et à écrire. Seule une migration planifiée a des chances de réussir. Chaque jour, entre 8 000 et 10 000 migrants rejoignent les trois grandes villes bangladaises de Khulna, Chittagong et Dacca. *« La migration reste pourtant largement absente des préoccupations du gouvernement dans sa politique d'adaptation au climat, les programmes de réhabilitation sont quasi inexistants »*, déplore Alice Baillat.

On ne recommence jamais vraiment sa vie à zéro dans les *chars*. On peut tout y perdre : sa maison, son enfant noyé dans la rivière, son bétail volé en douce, la nuit, par des habitants d'une autre île… tout sauf ses dettes. Shaina en a accumulé pour près de 7 000 takas (80 euros). Il lui a fallu emprunter pour s'acheter du riz et se remplir l'estomac au moins deux fois par jour. Elle a aussi payé 1 250 takas le propriétaire du bateau qui a transporté sa maison. Elle devra bientôt débourser 3 500 takas de « droit d'installation », à son nouveau propriétaire. *« Chaque déménagement appauvrit davantage les habitants »*, constate Enamul Haque, de l'ONG Friendship. Et puisque les sans-terre resteront à jamais sans terre, ils sont nombreux à tenter leur chance ailleurs. L'érosion des berges déplacerait entre 500 000 et 1 million de personnes par an au Bangladesh.
C'est le cas du mari de Shaina, parti à Dacca, la capitale bangladaise, il y a trois ans, lorsque leur lopin de terre rongé par le fleuve ne suffisait plus à nourrir la famille. Il s'y est rendu sur le toit d'un bus, car la place coûte deux fois moins cher qu'une place assise. Il est devenu là-bas chauffeur de pousse-pousse, une profession dont on ne se vante pas sur les îles. *« C'est un signe de déclassement, une capitulation devant le fleuve »*, glisse un habitant. Tout le monde connaît les risques d'agression, la difficulté de se loger, de se nourrir, de trouver de l'eau potable dans la capitale. Il y a aussi ces maladies sexuellement transmissibles dont les ONG ont parlé pour la première fois dans les *chars* il y a quelques années. Les hommes partis travailler à Dacca sont soupçonnés de fréquenter les prostituées. *« C'est un autre enfer, mais qui rapporte plus d'argent*, avoue Shaina. *Pour nous, le paradis n'existe pas. »*

DE GAUCHE À DROITE :
- Une île disparaît en moyenne au bout de douze ans. Rien ne pousse bien haut.
- Les arbres ont été abattus par les propriétaires du terrain avant qu'ils ne quittent leur île pour une autre.
- Le Jamuna enferme les îles et leurs habitants dans un monde à part.

« NOUS NE SOMMES QUE DES MIGRANTS. INUTILE D'ALLER PORTER PLAINTE : **ON NE COMPTE POUR RIEN**. »

Partir à l'étranger coûte trop cher, et une grande majorité des migrants se déplacent à proximité, souvent pour une courte période, avant de revenir chez eux. Mais en nouant des partenariats avec des pays du Golfe et d'Asie du Sud-Est, le gouvernement bangladais a déjà commencé à mettre en place une stratégie d'exportation de sa population.
À Dacca, mégapole de 16 millions d'habitants, les espoirs de fortune sont un piège qui se referme sur les migrants. Ici, c'est la marée humaine qui submerge la ville, sature les infrastructures et exacerbe la compétition quand il s'agit de gagner le moindre taka. Le tiers de la population vit sous le seuil de pauvreté. La géographie de la ville porte les stigmates du changement climatique, avec ses bidonvilles qui portent le nom des îles sinistrées par les cyclones. En 2007, la Banque mondiale notait qu'avec près de 400 000 nouveaux migrants pauvres par an, Dacca risquait l'explosion sociale. Basia, l'une des filles de Shaina, n'a rien voulu entendre. Elle est partie vivre à Dacca avec son mari pour ne pas connaître le même sort que sa mère. Le couple vit avec ses deux enfants sous un immense toit bringuebalant, dans une pièce séparée des voisins par de la tôle. Une ampoule pend au-dessus d'un grand lit, une photo de La Mecque est accrochée au mur, et un sac de voyage est posé au pied d'un portant où pendent chemises et tuniques. À la nuit tombée, les disputes des voisins, les cris des enfants résonnent. Basia travaille dans une usine textile tous les jours de 8 heures à 17 h 30. « *Mais le plus souvent les journées se terminent à minuit. On a besoin de l'argent des heures supplémentaires*, ajoute la jeune ouvrière, le visage protégé par un voile. *À Dacca aussi, la vie est provisoire*, raconte Basia. *Notre maison ne nous appartient pas et on peut être jetés dehors d'un jour à l'autre.* » À chaque début du mois, le couple paie d'abord le loyer et « *s'arrange avec le reste* », en économisant parfois sur la nourriture. Le mari est chauffeur de pousse-pousse, lui aussi. Il a dû s'endetter après avoir perdu de l'argent en ouvrant un petit commerce ambulant de légumes. « *Ici nous ne sommes que des migrants*, lance-t-il. *Il n'y a pas longtemps, on m'a dérobé mon argent. Inutile d'aller porter plainte : on ne compte pour rien ici.* » À eux deux, Baisa et Saiful résistent aux épreuves, le temps d'épargner pour pouvoir rentrer un jour dans les *chars*.

Basia ne parle pas à sa mère des problèmes d'accès à l'eau, de l'insécurité dans son bidonville, des journées harassantes passées à l'usine. Elle évoque ses projets d'avenir, comme acheter un lopin de terre qui « *restera avec eux toute la vie* », et puis, pourquoi pas, acquérir une ou deux vaches. Basia et son mari se donnent cinq à dix ans pour concrétiser leurs rêves. Au rythme actuel du réchauffement climatique, le Bangladesh devra gérer d'ici 2050 entre 13 et 40 millions de déplacés climatiques et perdre jusqu'à 17 % de son territoire.
De ces terres qui disparaîtront sous l'eau, de cette pression démographique qui va empirer, Basia ignore tout et continue d'espérer.

CI-DESSUS : Pour reconstruire leur vie ailleurs, sur une autre île, certains doivent payer un « tarif d'installation » à leur nouveau propriétaire, lui reverser une dîme sur leurs récoltes, ou encore élever son bétail.

CI-DESSOUS : Les villageois préparent les tiges de jute pour les vendre au marché.
PAGES SUIVANTES : Des îliens parcourent jusqu'à 100 km pour se faire soigner à bord du bateau-hôpital de l'ONG Friendship qui sillonne les îles.

Lifebuoy
7170

Texte : **SIMON ROGER**
Photos : **PAOLO VERZONE / VU**

LE SPITZBERG
SENTINELLE DU RÉCHAUFFEMENT CLIMATIQUE

« LORSQUE J'AI DÉCOUVERT LA BAIE IL Y A ONZE ANS, **LE FJORD ÉTAIT INTÉGRALEMENT GELÉ L'HIVER.** »

C'est un territoire à la beauté singulière, qui a attiré tour à tour les explorateurs, les trappeurs, les mineurs de fond et les pionniers de la recherche polaire. Un archipel d'une dizaine d'îles, posées telles des sentinelles au milieu des mers : l'océan Arctique au nord, la mer du Groenland à l'ouest, la mer de Norvège au sud et celle de Barents à l'est, du nom de Willem Barents, premier navigateur qui repéra ces côtes au XVIe siècle et dont la troisième expédition échoua, prisonnière des glaces. Il en mourut. Une terre aux rivages dentelés nommée Svalbard, dont l'île principale, Spitzberg, signifie « montagne pointue » en allemand.

Sur la façade occidentale de cet archipel du bout du monde, à quelque 600 km des côtes norvégiennes, la « Baie du roi » concentre sur 22 km les plus beaux à-pics et les plus vertigineux fronts glaciaires. La navigation par 79° de latitude nord y est relativement praticable, à condition d'éviter l'obstacle de rares chapelets d'icebergs dérivant vers le large. La presqu'île de Blomstrand, qui barrait la route vers l'intérieur du fjord, est désormais facile à contourner : le glacier bleu laiteux qui s'avançait jusqu'à elle a reculé au point d'ouvrir un passage aux bateaux.

Rattaché à la Norvège en 1920 et baptisé depuis Svalbard – le terme Spitzberg ne désignant plus alors qu'une partie du tout –, l'archipel témoigne aujourd'hui d'une nouvelle relation mêlant l'homme à la nature. Un climat extrême a longtemps dicté sa loi aux quelque 2 500 personnes qui s'y sont installées – essentiellement dans la capitale, Longyearbyen. Désormais, cette région est frappée de plein fouet par les effets du réchauffement climatique dû à l'homme.
La fonte du glacier de Blomstrand est l'un des nombreux chapitres de cette histoire agitée. *« Lorsque j'ai découvert la baie il y a onze ans, le fjord était intégralement gelé l'hiver, on pouvait le traverser sans problème en motoneige,* témoigne Sébastien Barrault, scrutant les flots depuis la salle panoramique du laboratoire d'étude de l'écosystème marin, basé à Ny Alesund. *Deux ans plus tard, il ne gelait que très partiellement et, depuis, le fjord n'est plus pris dans la glace. Dans leurs récits, les trappeurs évoquaient parfois des saisons sans glace, mais cette fois, il n'y a plus une seule année de glace en hiver. »*

En 2004, Sébastien Barrault s'installe six mois à Longyearbyen pour étudier la glaciologie à l'université du Svalbard (Unis), puis découvre la Baie du roi, 100 km plus au nord. Cet exilé volontaire ne l'a plus quittée depuis, captivé par les grands espaces, le silence et une forme d'aventure. Conseiller scientifique de la Kings Bay, la compagnie administrant la base de Ny Alesund, le Suisse dresse un autre constat : *« L'étude des bancs de poissons révèle la présence dans le fjord d'espèces qu'on n'avait pas l'habitude de voir jusqu'ici, des maquereaux par exemple.*

PAGES D'OUVERTURE : Portrait de Sébastien Barrault, chercheur, devant la Baie du roi.
PAGES PRÉCÉDENTES : Ny Alesund, village scientifique international, situé dans le nord-ouest de l'île du Spitzberg, en Norvège.
DE GAUCHE À DROITE :
- La station de télégraphe.
- Ny Alesund a été une station minière, un des premiers sites d'extraction du charbon au Spitzberg. La locomotive de la mine est exposée aujourd'hui, près du quai, sur un tronçon de voie ferrée reconstitué.
- Le port de Ny Alesund. Une fois par mois, la base arctique est ravitaillée par voie maritime.

La hausse de la température de l'eau confère à la baie des conditions atlantiques, au point que certains scientifiques vont chercher plus au nord un environnement plus représentatif de l'Arctique. »

Pourtant, pas de doute, à 1 231 km du pôle Nord, Ny Alesund est bien la communauté la plus septentrionale du monde et son mode de vie reste calqué sur le rythme des saisons polaires. Dès la fin mai, où la température de l'air ne descend plus en dessous de - 5 °C, les quelque soixante résidents de la base (ils sont jusqu'à 180 l'été, quand l'activité scientifique bat son plein) profitent du soleil de minuit pour veiller tard, après quatre mois de nuit polaire – dont deux dans l'obscurité totale. Si un tapis neigeux recouvre pour quelques semaines encore la toundra de la plaine, la nature reprend peu à peu ses droits. Les eiders et les oies sauvages font leur retour dans le fjord, précédant les sternes arctiques. Le bélouga aperçu près du port, où accoste deux fois par mois un cargo de ravitaillement, annonce l'arrivée prochaine des baleines et des colonies de phoques. Il faudra bientôt redoubler de vigilance face à la menace des ours blancs, qui migrent l'été des côtes froides de l'est du Spitzberg, où la couche de glace se réduit de plus en plus, vers l'ouest, à la recherche de nouveaux territoires de chasse.

Mi-juin, la revue *Polar Research* a rapporté une scène inédite. Au cours de ses recherches dans l'archipel, le zoologiste norvégien Jon Aars a observé un ours se repaissant de dauphins à nez blanc, des cétacés qui ne figurent pas habituellement au menu du grand mammifère. Dans son récit, qui a fait le tour du monde, le chercheur

« **IL EST ABSURDE DE NIER L'AUGMENTATION DE LA TEMPÉRATURE** OU DE DIRE QUE RIEN NE SE PASSERA SI LES ÉMISSIONS DE GAZ À EFFET DE SERRE CONTINUENT DE CROÎTRE. »

attribue l'évolution alimentaire de l'animal aux conséquences du changement climatique. *« Des incertitudes demeurent dans les modèles climatiques, mais il est absurde de nier l'augmentation de la température ou de dire que rien ne se passera si les émissions de gaz à effet de serre continuent de croître »*, énonce d'une voie posée Kim Holmen. Dans le bureau dépouillé du directeur international de l'Institut polaire norvégien, qui centralise à Longyearbyen la recherche sur l'Arctique, une affiche attire le regard : une série de graphiques extraits du dernier rapport du Groupe d'experts intergouvernemental sur l'évolution du climat (Giec). Face aux mouvements ascendants des courbes de température troposphérique et océanique, les courbes de la masse glaciaire et de l'épaisseur de banquise plongent dans un abysse inquiétant. En mai, mois répertorié comme le plus chaud dans les annales des relevés de températures, l'épaisseur des glaces arctiques a été parmi les plus faibles jamais enregistrées depuis le début des observations satellitaires du Centre américain de la neige et de la glace, en 1979.

ON NE PLAISANTE PAS AVEC L'ANIMAL DE 2 À 3 MÈTRES D'ENVERGURE POUR 600 KILOS, QUI, POUSSÉ PAR LA FAIM, PEUT FAIRE SON REPAS DU PREMIER HOMME VENU.

« *L'Arctique se réchauffe plus vite que n'importe quelle autre partie du globe. Lorsque la neige et la glace fondent, la surface s'assombrit, absorbe davantage de rayonnement solaire et amplifie le réchauffement. Ce n'est pas le seul mécanisme à l'œuvre, mais c'est celui qui rend cette région si sensible au changement climatique* », explique Kim Holmen, qui cumule en quarante ans de recherches près de 500 séjours dans l'archipel. « *Au Svalbard, s'y ajoutent les effets du Gulf Stream. Ny Alesund y est un lieu unique, à la fois poste d'observation du réchauffement et de concentration de la recherche scientifique internationale.* »

Un lieu unique à l'accès restreint. Seuls deux vols hebdomadaires desservent la base depuis Longyearbyen. L'avion à hélices de quatorze places n'embarque que les chercheurs qui se relaient à Ny Alesund, les salariés de la compagnie Kings Bay et les rares invités des missions scientifiques et de la compagnie. Arrivé à destination, un message placardé à l'entrée du mess prévient : « *Éteignez vos téléphones portables, coupez le Wi-Fi de vos appareils électroniques, Ny Alesund est une zone de silence radio.* » La mesure est dictée par l'antenne géodésique qui surplombe le village et traque les quasars, les entités les plus lumineuses de l'univers. Les ondes électromagnétiques pourraient perturber les données satellitaires recueillies par l'imposante coupole. Il faut ensuite parapher le briefing de cinq pages énumérant les conditions de séjour et de sécurité à l'intérieur de la base, un quadrilatère de quatre rues et d'une soixantaine de bâtisses au total, de petites maisons en bois pour la plupart. « *Aucune maison n'est fermée à clé pour une raison simple. Elles sont le premier refuge où s'abriter en cas d'attaque d'ours,* annonce Verena Mohaupt, la responsable de la station AWIPEV, née de la coopération entre l'Institut Alfred Wegener (AWI) allemand et l'Institut polaire français Paul-Émile Victor (IPEV). *Le risque est présent partout, tout le temps, surtout à la nuit tombée et au petit matin.* » On ne plaisante pas avec l'animal de 2 à 3 mètres d'envergure pour 600 kilos, qui, poussé par la faim, peut faire son repas du premier homme venu.
« *La dernière rencontre a eu lieu le 1er août 2014 près du port. Un ours est passé derrière un logisticien en plein travail, qui lui tournait le dos, mais l'animal a continué son chemin jusqu'au rivage* », se souvient Sébastien Barrault, chargé également de former au tir chaque nouvel arrivant. La scène s'est moins bien terminée pour un chasseur d'éclipses tchèque, blessé au visage et au bras, mi-mars, lors d'un campement en pleine nature.

Espèce protégée depuis 1973 au Spitzberg, les ours polaires représenteraient 3 000 individus aujourd'hui… pour une population insulaire estimée à 2 500 habitants ! L'isolement et le froid, plus vif encore lorsque le vent catabatique dévale les pentes glacées, imposent des consignes draconiennes sur le terrain.
Avant de démarrer sa motoneige pour le glacier Broggerbreen, Fabio Giardi, doctorant en chimie à l'université de Florence, charge son fusil de chasse et inspecte son paquetage : pelle à neige, téléphone satellitaire, outils de base, GPS en cas d'épais brouillard. Il est accompagné de Torben Kirchgeorg, doctorant en sciences de l'environnement à Venise. Les deux chercheurs roulent dans les traces de la veille pour atteindre sans encombre la zone de prélèvement. Ils y collecteront plusieurs échantillons de neige stockés quelques jours sur la base. Les éprouvettes partiront ensuite pour analyse, en sac isotherme et par avion, dans des laboratoires transalpins. « *C'est dangereux, c'est loin de tout, mais le Spitzberg est un endroit très stimulant pour un scientifique,* estime Fabio Giardi. *Pour la magie des paysages, mais pas seulement. La compétition scientifique est moins vive ici, car les équipes ne sont pas toujours sur place, elles ont besoin de s'entraider les unes les autres.* »
Sur le chemin du retour, le binôme fait un détour par le laboratoire atmosphérique que l'équipe italienne partage avec la délégation indienne.

« **LES GLACIERS ENVOIENT UNE RÉPONSE IRRÉFUTABLE** AUX CLIMATOSCEPTIQUES ! »

Les filtres mesurant les microparticules de poussière en suspension dans l'air occupent une ancienne salle de douches de mineurs. Avant d'être une base scientifique rassemblant onze nations d'Europe et d'Asie (Chine, Corée du Sud, Inde, Japon) autour de la chimie atmosphérique, de la glaciologie, de la géologie ou de la biodiversité, Ny Alesund fut l'un des premiers sites miniers de cette région riche en charbon.

L'extraction débute en 1916. Une voie ferrée est construite un an plus tard pour acheminer le minerai jusqu'à la mer, dont témoigne une locomotive figée sur ses rails en bord de plage.

« *La mine a été fermée en 1963, à la suite de deux explosions liées à des poches de gaz dans les galeries, en 1953 et en 1962, qui ont tué quarante personnes* », explique Erik Hanevold, le chef de la base norvégienne, la première à avoir occupé le site en 1968, dans l'une de ces maisons de mineurs aux couleurs vives. Près de la bâtisse, une petite station télégraphique rappelle ce passé minier.

À quelques encablures se dresse un autre vestige » du xxe siècle, la tour d'Amundsen, où l'explorateur norvégien arrima le Norge, le dirigeable qui accomplit le premier survol du pôle Nord en 1926 avec l'Italien Nobile et l'Américain Ellsworth. Baptisée Dirigibile Italia » en hommage à cette épopée polaire, la station italienne, ouverte en 1996, tire sa fierté d'une autre tour métallique haute de 33 mètres, la « Climate Change Tower ».

Édifiée en 2009 sur un promontoire à l'écart du village, la structure équipée d'une impressionnante grappe de capteurs enregistre les paramètres météorologiques : température, vent, humidité, pression, radiation solaire, pouvoir réfléchissant et mesure de l'épaisseur de la neige ou encore les émissions gazeuses du permafrost.

Sous l'effet du réchauffement, le sol gelé libère notamment du méthane, l'un des gaz à effet de serre qui entretiennent le cycle infernal du dérèglement climatique. *C'est le seul « supersite » de ce type au Spitzberg, assure Angelo Viola, qui dirige les recherches italiennes. Pour comprendre le système climatique, on ne peut plus étudier séparément l'eau, la glace, l'air et le sol.* »

Les données collectées depuis vingt ans livrent une première conclusion : la température moyenne de l'air de Ny Alesund a augmenté de 1,7 °C. Un chiffre très élevé au regard des 0,8 °C de hausse du thermomètre terrestre depuis l'ère préindustrielle. *Ce qui se passe ici interagit sur les masses d'air de toute la planète et sur la distribution de l'énergie océanique. On ne peut pas prendre le risque d'une catastrophe planétaire, il faut agir* », implore le chercheur italien.

À l'intérieur du hangar météo monté sur pilotis pour résister à la débâcle des eaux après la fonte des glaces, René Brügi prépare la sonde qui s'élève chaque jour à 13 heures – et une fois par semaine un ballon d'ozone – dans le ciel de l'archipel. Les données alimentent un réseau mondial fort de 17 stations. « *Pour construire les scénarios climatiques, on a besoin de données scientifiques établies sur le temps long* », rappelle l'ingénieur suisse, qui débute tout juste sa rotation d'un an dans l'observatoire de la station franco-allemande.

Mais les glaciers qui bordent le fjord présentent déjà des stigmates inquiétants. « *Ils ont un rythme de fonte plus élevé qu'ailleurs*, observe Doug Benn. *Ce processus d'écoulement commence à atteindre la banquise du Groenland, mettant en jeu des élévations de plusieurs mètres du niveau de la mer.* » Cet Écossais, en poste depuis 2006 à Longyearbyen, a profité des derniers jours de froid sec avant la fonte printanière pour installer des appareils photo sur le Kronebreen, l'un des 2 650 massifs glaciaires de l'archipel.

Les prises de vue, déclenchées automatiquement toutes les trente minutes, entre mai et septembre, montées ensuite en accéléré (technique du time-lapse), offrent selon Doug Benn « *une illustration stupéfiante de l'évolution en cours. Les glaciers envoient une réponse irréfutable aux climatosceptiques* » ! « *Entre le début et la fin de la séquence enregistrée en 2014, la langue a reculé de 300 mètres, pour un glacier qui avance d'environ 700 mètres par an*, observe Heidi Sevestre, qui partage le quotidien de l'université du Svalbard depuis trois ans et demi. *Cela représente 1 km de glace perdue en une saison.* »

CI-DESSUS : Kathrin Lang, chef de station de l'AWIPEV pendant le lancement quotidien du ballon-sonde permettant de mesurer la quantité d'ozone dans l'athmosphère.
CI-CONTRE : La Climate Change Tower (CCT) de la mission scientifique italienne Dirigibile Italia.

CI-DESSUS : Longyearbyen : la mine n° 7.

« LE RAPPORT À L'ADVERSITÉ QU'IMPOSE LE FROID, CETTE FORME D'ASCÈSE QU'INSPIRE LA NATURE, EST EN TRAIN DE DISPARAÎTRE. »

Emmanuel Hussenet parle du Spitzberg au passé. Guide dans les années 1990, photographe et écrivain, il a assisté au recul de la banquise, à l'invasion de moustiques qui ne devraient pas pulluler aux latitudes polaires… *« Le rapport à l'adversité qu'impose le froid, cette forme d'ascèse qu'inspire la nature, sont en train de disparaître »*, se désole-t-il. Christin Kristoffersen, elle, assume une tout autre vision, balayant un peu vite les conséquences de la pollution engendrée par une activité industrielle : *« Nous avons au Svalbard le potentiel industriel, scientifique et humain pour montrer la voie en matière de développement drable »*, professe-t-elle. Première femme élue maire de Longyearbyen en 2011, cette ancienne universitaire prône le maintien d'une activité minière dans l'archipel, arguant que les progrès technologiques permettront bientôt de limiter les émissions de gaz à effet de serre. Un discours bien acceilli dans une ville où 40 % de la population vit directement ou indirectement du charbon, au sein d'une région arctique qui recèlerait 13 % des réserves mondiales de pétrole et 30 % des ressources en gaz.

« Pendant longtemps, l'Arctique était un endroit inaccessible, comme si la nature se protégeait de l'homme, philosophe Nick Cox dans le salon de son baraquement de Ny Alesund. *Avec le réchauffement, c'est devenu un endroit ouvert, riche en poissons, attractif pour ses hydrocarbures. Mais réfléchit-on suffisamment à ces bouleversements ?* s'interroge le chef de la base scientifique britannique. *Cette fragilité se ressent surtout l'été, quand la toundra est exposée, quand les paquebots croisent à l'entrée du fjord. »* Avec la fonte du glacier de Blomstrand, la Baie du roi doit faire face à une nouvelle menace : l'essor du tourisme de masse.

Texte : **ANGELA BOLIS**
Photos : **ANGELA BOLIS** et **MARTIN CHOURAQUI**

LES ÎLES KIRIBATI
ENFER ET PARADIS

CET ARCHIPEL PERDU
AU MILIEU DU PACIFIQUE
EST DEVENU LE SYMBOLE
DU CHANGEMENT CLIMATIQUE.

Depuis le hublot, Tarawa, atoll des Kiribati, semble flotter sans épaisseur entre ciel et mer, fine bande de terre en pointillé dans le grand bleu. Deux fois par semaine, l'avion de Fiji Airways relie cette petite république micronésienne au hub régional de Nadi, aux Fidji. Après trois heures de vol, il atterrit dans la chaleur moite de cette île serpentine de 450 mètres de large en moyenne, bordée d'un côté par son lagon, de l'autre par le récif. L'océan y est partout visible. La journée, on y pêche, le soir, on y fait salon, assis dans ses eaux chaudes et lisses. Quand la marée descend, elle laisse à nu, sur le sable corallien, des détritus plastiques et électroniques, vieux jerricans ou pièces de voiture. Sans parler des excréments – selon la Banque mondiale, 60 % des foyers de Tarawa-Sud, communauté urbaine capitale de l'archipel, n'ont pas de toilettes.

Vues d'Occident, les Kiribati ont souvent été dépeintes comme ce paradis de sable blanc et de lagon turquoise qui, à y regarder de plus près, ressemble aussi à un enfer, perdu au bout du monde. Isolées, dispersées, minuscules… les trente-trois îles de cet archipel sont éparpillées sur 3,5 millions de kilomètres carrés d'océan – soit environ la superficie de l'Inde. Si on les juxtaposait, elles atteindraient 811 km², à peine la surface du Grand Paris.

PAGES D'OUVERTURE : Plage de Bairiki, très polluée par des détritus plastiques et électroniques.
PAGES PRÉCÉDENTES : Pêche à Bairiki.
CI-DESSOUS : Vue, depuis l'avion de la Fiji Airways, de l'atoll d'Abaiang, voisin de celui de Tarawa, aux Kiribati.

CI-DESSOUS : Vestiges des installations militaires datant de la Seconde Guerre mondiale, l'atoll ayant été envahi par les Japonais puis, après la sanglante bataille de Tarawa en 1943, récupéré par les Américains.
Cinq cents ouvrages de défense et tunnels criblent l'atoll, avec un impact environnemental non mesuré.
CI-CONTRE : Chantier pour construire une digue détruite à Bairiki.

LA MONTÉE DES EAUX POURRAIT ATTEINDRE 98 CENTIMÈTRES D'ICI 2100. SOIT UN TIERS DE L'ALTITUDE MAXIMALE DE TARAWA.

Ces atolls coralliens occupent pourtant une place centrale sur un planisphère : au beau milieu du Pacifique, à la croisée de la ligne de changement de date et de l'équateur. Paradis ou enfer, l'archipel évoque aussi un autre mythe cher à notre imaginaire : le déluge. Affleurant à deux mètres en moyenne à la surface de l'océan, ce pays est l'un des plus menacés par la hausse du niveau de la mer, causée par le réchauffement climatique.

Omniprésente et vitale – les habitants des Kiribati comptent parmi les premiers mangeurs de poisson au monde, avec 77 kg par personne et par an –, la mer est aussi ce qui pourrait les perdre. D'après les estimations du Groupe d'experts intergouvernemental sur l'évolution du climat (le Giec), la montée des eaux pourrait atteindre 98 centimètres d'ici à 2100. Soit un tiers de l'altitude maximale de Tarawa.

Un rapport de la Banque mondiale, datant de 2000, estime que si rien n'est fait, jusqu'à 54 % de Bikenibeu, une localité de Tarawa-Sud, et jusqu'à 80 % de Buariki, une île du nord de Tarawa, seront submergées d'ici à 2050. Érosion costale et submersions marines, salinisation des sols et maigres ressources en eau douce, mais aussi hausse des températures, hausse de l'acidification de l'océan… Les effets du changement climatique sont, aux Kiribati, aussi prégnants que les émissions de gaz à effet de serre de l'archipel sont négligeables – 72 000 tonnes de CO_2 en 2013, contre 344 millions de tonnes en France et 9 milliards de tonnes en Chine.

DES VAGUES, SURPASSANT LES MURS DE PROTECTION, ONT DÉFERLÉ SUR L'HÔPITAL, QUI A DÛ FERMER PENDANT DEUX MOIS.

À Tarawa-Sud, la montée de l'océan est déjà une préoccupation quotidienne, donnant lieu à une infinité de petits combats. L'île est bordée de digues – sacs de ciment, blocs de coraux ou détritus entassés, gros ouvrages publics ou petits édifices privés. Près de l'aéroport, de jeunes palétuviers bien alignés viennent compléter ce frêle rempart. Pour rencontrer des habitants touchés par le phénomène ? *« Vous pouvez discuter avec quiconque habite au bord de la mer, tout le monde subit les inondations ici… »*, lance Claire Anterea, membre du programme gouvernemental d'adaptation au changement climatique.

Tinaai, une jeune militante du KiriCAN (Kiribati Climate Action Network, un réseau de trente ONG), est tout de même chargée de nous faire une « visite guidée du changement climatique ». À 23 ans, elle a représenté les associations lors de la conférence sur le climat (COP21) fin novembre 2015, à Paris. Roulant nonchalamment au milieu des nids-de-poule et des flaques, riant et plaisantant, elle nous mène à Betio, l'un des îlots les plus peuplés de l'atoll.
En début d'année, plusieurs grandes marées ont inondé les habitations. Fin février, des vagues, surpassant les murs de protection, ont déferlé sur l'hôpital, qui a dû fermer pendant deux mois. *« Les malades ont dû se réfugier dans le gymnase*, explique Tinaai. *À la maternité, les mères sont parties en courant avec leur nouveau-né, pour se mettre à l'abri ! »*

CI-DESSUS : Sur la gauche, la maneaba, « maison commune » au centre de la vie sociale des Kiribati, à Tebikenikoora.

L'EAU, PASSANT AU TRAVERS D'UNE DIGUE ÉBRÉCHÉE, **RAMPE PEU À PEU ENTRE LES HABITATIONS** JUSQU'À LA « MAISON COMMUNE ».

Le « tour » se poursuit à Tebikenikoora, un petit village de la commune d'Eita, au centre de l'atoll. C'est marée haute en cet après-midi de juillet, et l'eau, passant au travers d'une digue ébréchée, rampe peu à peu entre les habitations, jusqu'à la maneaba, la « maison commune », au cœur de la vie sociale gilbertine. Sous sa vaste toiture végétale, un homme fait la sieste, des enfants jouent à la corde à sauter, et Timereta, habitant de ce hameau depuis trente ans, se livre à une partie d'échecs. *« À chaque nouvelle lune et à chaque pleine lune, s'il y a du vent, l'eau entre dans les maisons,* témoigne-t-il. *Les gens mettent leurs affaires à l'abri, et certains viennent dormir sous la maneaba. Ça fait dix ans que ça dure. La digue a été détruite, on l'a reconstruite, puis elle s'est de nouveau détruite... »*

Tebikenikoora est l'un des deux sites que l'on montre volontiers aux journalistes étrangers, chercheurs ou officiels de passage – le secrétaire général de l'Onu, Ban Ki-moon, s'y est rendu en 2011 –, pour illustrer la montée du niveau de la mer aux Kiribati. Le second, Tebunginako, situé sur l'atoll d'Abaiang, est présenté par le gouvernement comme un *« baromètre de ce que les Kiribati pourraient devenir »*. Le village a été submergé, et ses habitants relocalisés, il y a une quinzaine d'années, en retrait du rivage. Seuls demeurent, au milieu des flots, une église et des cocotiers morts. Une carte postale bien commode de la montée des eaux, emportée dans les carnets et les caméras des médias étrangers.

CI-DESSUS : L'épave d'un navire de pêche, abandonnée parmi beaucoup d'autres dans le lagon, s'est échouée sur la rive lors du cyclone Pam en mars, détruisant la digue à côté de l'hôpital de Betio.

CI-DESSOUS :
- Sur la route artificielle et digue reliant Betio à Bairiki, financée en partie par des subventions de l'Australie.
- Route artificielle et digue reliant Betio à Bairiki : ces « liens » entre les différents îlets de l'atoll modifient les courants et les mouvements de sable, causant l'érosion ou l'extension de certaines zones.

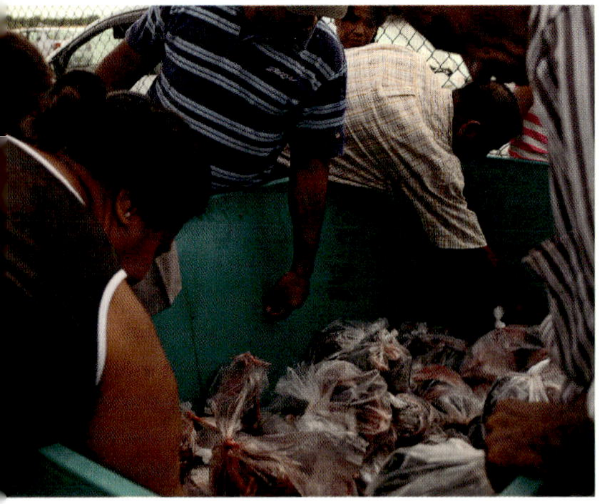

LA SURPOPULATION ÉTRANGLE L'ATOLL. 70 % DE LA MANGROVE, QUI PROTÈGE LES CÔTES DE L'ÉROSION, A DISPARU DEPUIS LES ANNÉES 1940.

Dans les deux cas, la réalité se révèle pourtant plus complexe. Selon une étude, datant de 2006, de la Communauté du Pacifique (CPS) – la principale agence de développement de la région Pacifique, basée à Suva, aux Fidji –, le recul des zones côtières à Tebunginako, de 80 mètres depuis 1964, résulte de l'obturation, il y a probablement un siècle, d'un ancien canal passant entre le lagon et l'océan, entraînant une redistribution des dépôts de sable. Quant à Tebikenikoora, c'est une zone instable, qui a été choisie tardivement par un pasteur évangélique pour y implanter une communauté de migrants venus d'autres îles gilbertines. *« À Tarawa, à cause de la pression démographique, les gens s'installent dans des zones où, il y a un siècle, personne ne se serait implanté du fait de leur instabilité »*, explique Molly Powers, responsable du programme climat et océans de la CPS.

À n'en pas douter, la hausse du niveau de la mer est une réalité admise et mesurée par la communauté scientifique. Mais le phénomène est lent, complexe, variable, impossible à saisir d'un simple coup d'œil. Et les Kiribati, assaillies par les attentes des médias et agences internationales, qui y voient *« l'emblème de la montée du niveau de la mer »*, seraient finalement tentées de jouer le rôle de « victime » que le reste du monde leur attribue. C'est du moins la thèse du climatologue Simon Donner dans son article, publié en mars 2015, dans *Scientific American*, intitulé « Fantasy Islands ». Ce biais, juge-t-il, mène finalement à exagérer la vulnérabilité de l'archipel, l'urgence et la fatalité de sa situation.

À Tarawa-Sud, en effet, la montée du niveau de la mer est loin de constituer la première menace. Mais elle vient aggraver un mal-développement endémique qui rend sa population et son environnement bien moins résistants aux perturbations climatiques.

Dans ce lieu où les villes n'existaient pas, et où l'on vit encore principalement de la pêche et des cultures – bananier, papayer, cocotier, pandanus, taro géant (babai) –, la colonisation britannique (1916-1979) a fait de cet atoll sa capitale administrative, et l'unique centre urbain. Depuis, Tarawa-Sud n'a cessé de gonfler, accueillant les habitants des autres îles qui affluent en quête d'emplois salariés, d'écoles, d'infrastructures médicales. Si bien qu'aujourd'hui près de la moitié des 103 500 Gilbertins y ont élu domicile. La densité de la population dépasse par endroits celle de Hong Kong. La surpopulation étrangle l'atoll. 70 % de la mangrove, qui protège les côtes de l'érosion, a disparu depuis les années 1940.

DE GAUCHE À DROITE :
- Les pêcheurs revendent des morceaux de thons à leur arrivée au port de Betio. Les Gilbertins comptent parmi les premiers mangeurs de poisson au monde, avec 77 kg par personne et par an.
- Habitation munie de sa propre digue privée pour se protéger des submersions marines à Betio.
- Port de Betio.
- Tinaai, 23 ans, militante du KiriCan (Kiribati Climate Action Network), discute avec des habitants touchés par les dégâts causés par le cyclone Pam et les grandes marées du début de l'année 2015 à Betio, Tarawa Sud.

Pour construire leur maison, des habitants extraient du sable des plages, déjà grignotées par la mer. Le foncier traditionnel, avec ses parcelles s'étirant du récif au lagon et ses habitations sur pilotis, faites de pandanus et de cocotiers, n'y a plus sa place. S'y est substitué un émiettement de petits lots flanqués de constructions en dur, qui ne permettent plus de se replier facilement en cas d'inondation.

L'atoll a aussi été happé par l'histoire de la Seconde Guerre mondiale, lors de la bataille de Tarawa, en 1943, entre Américains et Japonais – 5 700 morts en trois jours, et d'abondants bombardements. L'île est alors criblée de 500 ouvrages de défense et de tunnels – dont témoignent encore quelques canons braqués çà et là vers l'océan. Enfin, des routes artificielles bordées de digues relient entre elles plusieurs îlots de l'atoll, modifiant les chenaux, les courants, les mouvements de sable. Celles-ci auraient par exemple causé l'extension de Bairiki, une partie de Tarawa-Sud, de 16 % depuis 1969, selon Simon Donner.

Toutes ces infrastructures influent sur un territoire déjà mouvant : les atolls sont comme des organismes vivants, construits par les débris de squelettes des coraux dont les colonies, animales, forment le récif. Ils se déplacent, s'érodent, grandissent aussi. Une étude de la CPS, publiée en 2010 dans *Global and Planetary Change*, estime que vingt-trois des vingt-sept atolls observés dans le Pacifique depuis les années 1960 sont

DES ROUTES ARTIFICIELLES BORDÉES DE DIGUES RELIENT ENTRE ELLES PLUSIEURS ÎLOTS DE L'ATOLL, **MODIFIANT LES CHENAUX, LES COURANTS, LES MOUVEMENTS DE SABLE.**

ainsi restés au même niveau, voire se sont élevés, malgré la montée des eaux.
À Betio, autre île de l'atoll de Tarawa, une jauge posée par la CPS depuis 1992 évalue en continu niveau de la mer, températures et pressions atmosphériques. D'après les données – à prendre avec précaution en raison de la courte durée des mesures –, la mer y monte de 2,9 mm par an. En parallèle, selon la Banque mondiale, la croissance verticale du corail y serait historiquement de 8 mm par an. Les atolls pourraient-ils gagner cette lente course contre l'océan ? La réponse est hautement incertaine, tant les écosystèmes coralliens sont fragilisés par maintes perturbations d'origine humaine : la pollution, mais aussi le réchauffement de l'eau et la concentration accrue de CO_2 absorbé par l'océan, qui causent des épisodes de blanchissement de plus en plus fréquents.

D'autant qu'il ne faudra pas attendre que les îles reposent au fond du lagon pour qu'elles deviennent inhabitables : bien avant, les assauts de l'eau salée viendront contaminer la lentille d'eau douce et les sols, les rendant incultivables. Pour tenter d'y faire face, la vingtaine de programmes internationaux et les deux programmes nationaux d'adaptation au changement climatique rivalisent de solutions de court terme – plantation de mangroves, construction de digues, amélioration des canalisations et de la récolte d'eau de pluie… Le président des Kiribati, Anote Tong, reconnaît lui-même leur relative inefficacité, lui qui a songé à tout : construire des îles flottantes artificielles, rehausser les atolls… ou partir.

Il a acheté 20 km² de terres aux Fidji, officiellement pour un projet agricole. Et a lancé un programme d'émigration d'une partie de la population, avec formations professionnelles à l'appui, baptisé « Migration dans la dignité ». « *C'est le seul moyen que j'ai de donner* [aux Gilbertins] *un sentiment de sécurité : au moins, j'ai un plan. Peu importe qu'il soit radical. Ça va être difficile, on va beaucoup y perdre, on ne sait pas ce qu'il adviendra de notre culture… Mais quels choix a-t-on ?* explique-t-il.

CI-CONTRE ET CI-DESSOUS : Village de Bairiki à Tarawa-Sud.

PARTIR EST POURTANT UNE OPTION HAUTEMENT ANXIOGÈNE POUR LES GILBERTINS, QUI LAISSE EN SUSPENS DE NOMBREUSES QUESTIONS.

Pour une partie du territoire au moins, arrivera un moment où on ne pourra plus rester émergés : peut-être dans vingt ans, vingt-cinq ans, plus tôt qu'on ne le pense à mon avis. »

Partir est pourtant une option hautement anxiogène pour les Gilbertins, qui laisse en suspens de nombreuses questions. Conserveront-ils leur nationalité, si elle n'est plus rattachée à aucun territoire ? Seront-ils des réfugiés climatiques, un statut qui n'existe pas encore ? Leur peuple sera-t-il dispersé entre différents pays d'accueil, du Pacifique et d'ailleurs ? Garderont-ils leurs droits sur leur territoire maritime, zone immense mais aquatique ? Réussiront-ils à préserver leur identité culturelle, si la terre de leurs ancêtres, dans laquelle elle s'enracine inextricablement, disparaît sous les eaux ? Beaucoup de Gilbertins ne peuvent même envisager ces obscures perspectives.
Ou seulement en tout dernier recours.
« Si un jour on se retrouve vraiment submergés, imagine Saï, un habitant de Bairiki, *je sais qu'ici nous sommes tous d'excellents nageurs et pêcheurs. On prendra nos bateaux, ou un bout de bois flottant, et on se laissera porter par le courant jusqu'à accoster sur une terre, quelque part. »*

SUR L'ÎLE DE PÂQUES

LES GUETTEURS DE L'OCÉAN

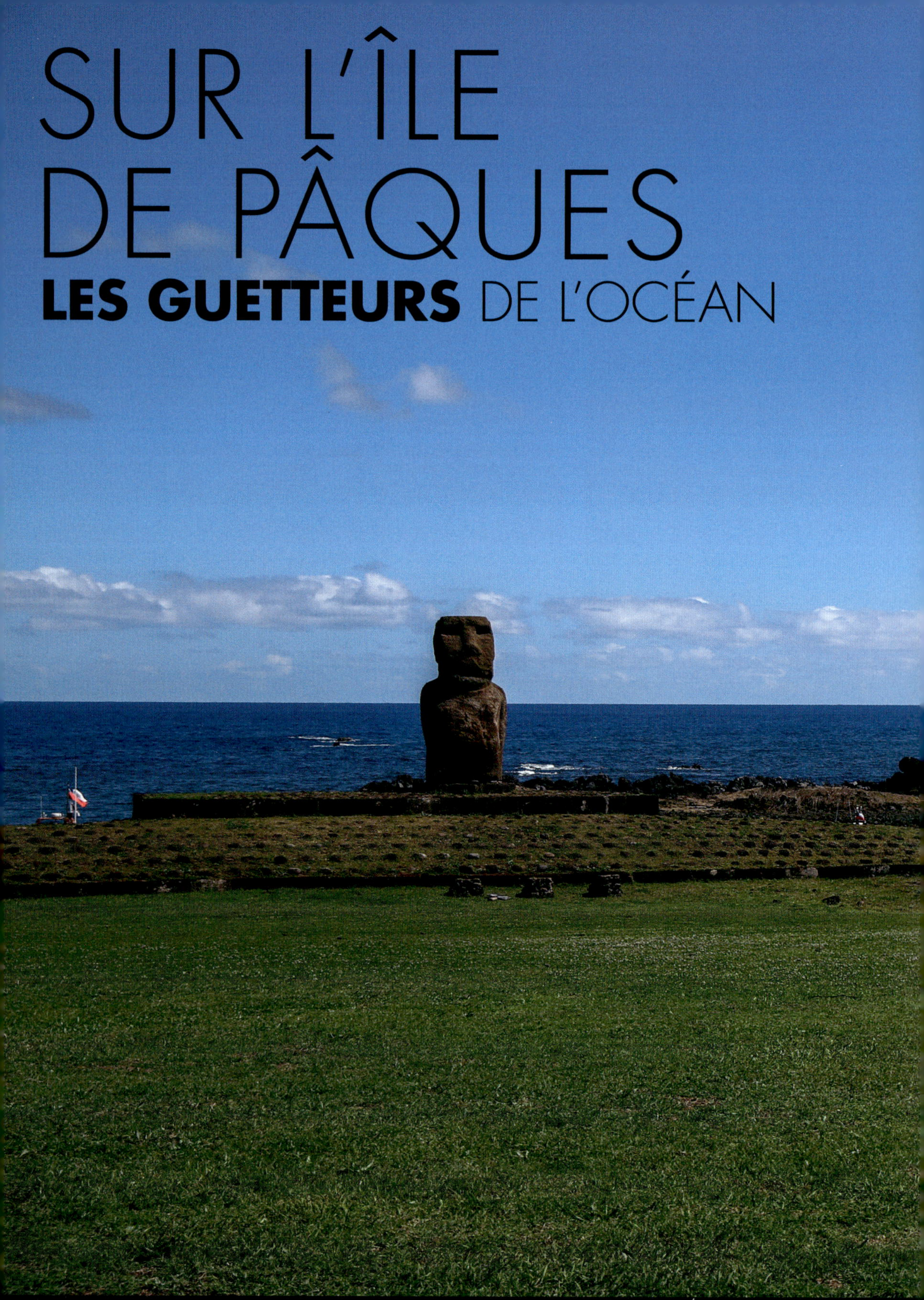

PAGES D'OUVERTURE : L'un des petits havres portuaires du bourg de Hanga Roa, où tous les équipements de l'île sont concentrés. Les Pascuans y ont longtemps été parqués contre leur gré.
CI-CONTRE : Les moai sont probablement les statues de pierre qui font le plus rêver. L'île de Pâques leur doit d'être classée au Patrimoine mondial de l'humanité par l'Unesco.

LES EAUX DE CETTE TERRE LOINTAINE ET ISOLÉE SONT PILLÉES PAR LES NAVIRES INDUSTRIELS CHINOIS, ESPAGNOLS, CORÉENS, RUSSES. **POUR PRÉSERVER LEUR CULTURE ET LEUR PÊCHE ARTISANALE, LES PASCUANS RÉCLAMENT LA CRÉATION D'UNE IMMENSE RÉSERVE MARINE** DONT ON NE POURRA TIRER NI POISSON, NI COQUILLAGE, NI AUCUNE AUTRE RESSOURCE.

Dressés près du minuscule abri de pêche de Hanga Roa aux barques colorées, les moai tournent le dos à la mer. Les guetteurs de pierre de l'île de Pâques ont l'air d'interroger du regard les visiteurs qui viennent les contempler au soleil couchant. Mais, plus loin, du haut de la carrière où elles ont été taillées, les vénérables statues semblent scruter le large et méditer sur l'avenir du Pacifique et des océans de la planète. Solennelles.

Peut-être l'esprit pétrifié des ancêtres veille-t-il effectivement sur ce triangle vert tendre de 163 km², fragile et à l'écart du monde. Près de 3 800 km le séparent des côtes du Chili vers l'est ; 4 200 km de Tahiti vers l'ouest. Une liaison aérienne quotidienne dessert Santiago, un vol hebdomadaire relit Papeete. C'est tout. Comme en suspension dans l'immensité marine, l'île de Pâques n'oppose pas de grande résistance aux vents du large : ni hautes falaises, ni remparts d'arbres, ni port, pas de constructions éparpillées non plus. Juste de la lande qui s'étire au loin jusqu'aux sommets de volcans émoussés et des chevaux qui paissent.

Les habitations sont presque toutes regroupées à Hanga Roa : jusqu'en 1966, l'île, rattachée à l'État du Chili depuis 1888, était livrée aux moutons d'une compagnie écossaise ; les humains, eux, étaient parqués dans le bourg, avec interdiction de vaquer. Presque tous les 7 000 habitants y vivent toujours. Un panneau leur indique la direction à suivre en cas de tsunami.

Un des derniers séismes en date, celui du 16 septembre 2015, n'a finalement suscité que quelques sueurs froides, alors qu'il a causé treize morts au Chili. Mais d'autres vagues géantes en 1960 avaient renversé les quinze moai alignés du site de Tongariki. Ces colosses de 40 à 90 tonnes ont été redressés en 1992 grâce à de généreux mécènes.

La mer a beau se montrer parfois menaçante, la culture locale tout entière lui est vouée. Les Pascuans continuent de s'adonner avec assiduité à la pêche côtière à la manière des Rapa Nui, ces descendants de Polynésiens qui ont occupé le territoire parmi les premiers. Même s'ils ne représentent plus qu'un bon tiers de la population à côté de nouveaux venus espagnols, français et surtout chiliens, même si le tourisme est devenu la principale ressource de l'île – 80 000 visiteurs sont venus jusqu'ici en 2014, contre 3 800 douze ans plus tôt –, cette pêche ancestrale reste inscrite au cœur même de l'île, de son quotidien, de ses fêtes.

Au petit matin, sur son canot, Simon Pakarati lâche dans l'eau sa ligne lestée d'une pierre, qui peut plonger jusqu'à 80 mètres de fond. Il la tient au bout du doigt comme ont dû le faire ses ancêtres avant lui et remonte deux poissons volants. La prise est décevante. Il y a peu, on pouvait attraper cinq ou six thons jaunes (ou albacores) en une grosse journée de travail. Ce n'est plus le cas. Espadons, barracudas, requins-marteaux et requins des Galápagos, mais aussi baleines à bosse et tortues… les grands carnivores et les migrateurs qui fréquentent les parages comme une oasis au milieu du grand bleu se font de plus en plus rares.

« Ce ne sont pas nos pêcheurs qui ont vidé la mer, mais les bateaux industriels. On voit leurs lumières la nuit à l'horizon », assure Sara Roe. La soixantaine, visage buriné par le soleil généreux et longue chevelure noire à la tahitienne, elle préside Hanga Riko, la première association de pêcheurs locale à s'être mobilisée pour réclamer que ces eaux soient protégées.

CI-DESSUS : Les barques des pêcheurs
dans les havres de Hanga Roa et de Hanga Piko.
CI-CONTRE : Les îliens pratiquent une pêche ancestrale, à la façon rapa nui. Les Rapanuis constituent l'ethnie polynésienne vivant dans l'île de Pâques.

YAMAHA

CI-CONTRE : Les stocks ont diminué à cause de la pêche industrielle autour de l'île de Pâques, les navires sont chinois, espagnols, coréens, russes, indique la marine chilienne.

PLUS DE 90 MILLIONS DE TONNES DE POISSONS ET D'INVERTÉBRÉS DANS LE MONDE SONT EXTRAITS DE L'EAU CHAQUE ANNÉE PAR LES FLOTTES INDUSTRIELLES, TUANT AU PASSAGE PHOQUES, TORTUES, OISEAUX.

Selon l'Organisation des Nations unies pour l'alimentation et l'agriculture, plus de 90 millions de tonnes de poissons et d'invertébrés dans le monde sont extraits de l'eau chaque année par les flottes industrielles, tuant au passage phoques, tortues, oiseaux. Autour de l'île de Pâques, ces navires sont chinois, espagnols, coréens, russes, indique la marine chilienne. Jusqu'à présent, celle-ci n'y pouvait pas grand-chose : il lui faut six jours de mer pour venir jusqu'ici. Elle y mène une dizaine d'opérations de contrôle par an. La surexploitation des océans pascuans se mesure aussi dans les criques, où des quantités croissantes de flotteurs, filets, casiers et autres déchets de plastique s'amoncellent.

« Nous voulons une réserve marine, pas seulement pour nous, mais parce que ce sera bénéfique pour le monde entier. Tous les pays doivent nous soutenir », assure Sara Roe. Pour mettre fin au pillage, la majorité des Pascuans ont prévenu qu'ils ne se contenteront pas de quelque aire marine protégée aux règles un peu floues : ils veulent l'établissement d'une vaste « no take zone » à l'américaine dont on ne pourra tirer ni poisson, ni coquillage, ni aucune autre ressource. L'interdiction pure et simple s'appliquerait sur une étendue de 720 400 km^2, presque aussi vaste que le Chili. Les alentours de l'île de Pâques constitueraient alors l'une des plus grandes réserves marines au monde. Seule une couronne de presque une centaine de kilomètres de large serait réservée à la pêche côtière des Pascuans.

Leurs eaux n'ont pas l'exubérance de certains fonds tropicaux : cristallines, elles sont assez pauvres en nutriments, mais elles comptent au moins 25 espèces de poissons endémiques. Les homards, les langoustes, les poissons volants s'y plaisent et les coraux y sont en bonne santé. Les maintenir et faire revenir les grands carnivores, tels seraient les enjeux affichés de la réserve. Il y a aussi chez les Rapa Nui le souhait de redorer une réputation entachée par l'accusation d'avoir eux-mêmes inconsidérément saccagé leur environnement, de l'avoir déboisé avant l'arrivée des premiers Européens.

Pour relayer leur message, les Pascuans, perdus au milieu de l'océan, peuvent désormais compter sur de riches organisations philanthropiques, la Fondation suisse Bertarelli et l'américaine The Pew Charitable Trusts, qui défendent l'établissement d'une aire totalement protégée autour de l'île de Pâques.
« On a rencontré les gens de Pew sur un marché aux poissons il y a deux ans et trois mois, se souvient Sara Roe. *Nous, on les a poussés à aller parler de la réserve au gouvernement chilien. Eux, ils nous ont pris par la main, nous ont aidés à prendre contact avec la marine chilienne, les ministres... C'est comme ça que j'ai reçu une invitation pour présenter notre projet à Washington. »* Avec des financements d'ONG, précise-t-elle, ainsi que de la part *« du prince Albert de Monaco »*, très impliqué dans la conservation des océans, Sara Roe a pu participer en juin 2014 à la conférence internationale intitulée *Our Ocean*, durant laquelle plusieurs responsables politiques – dont le président américain, Barack Obama – ont exprimé leur intention de créer au total plus de 3 millions de kilomètres carrés supplémentaires de grandes réserves marines.

60

CI-CONTRE : Sur le marché dit la feria où l'on peut trouver les produits de la pêche locale ainsi que les fruits et légumes locaux.

POUR NOURRIR L'HUMANITÉ ENTIÈRE, IL FAUT CHANGER NOS FAÇONS DE FAIRE, PRÉSERVER ET DIVERSIFIER LES RESSOURCES, NE PAS PRENDRE QUE DU THON ET LAISSER LES POISSONS GRANDIR !

La deuxième édition de ces rencontres a eu lieu à Valparaiso en octobre 2015. Le gouvernement chilien en a profité pour annoncer la naissance de la réserve autour de l'île de Pâques.

« Nous n'avons pas plusieurs océans dans le monde, mais un seul, prévient, affable, le ministre des affaires étrangères, Heraldo Muñoz. *Si nous ne le défendons pas, les générations futures en feront les frais. »* Le dossier pascuan y sera-t-il officialisé lors de *Our Ocean* ? *« Nous y sommes favorables. Mais les Rapa Nui sont très indépendants, très soucieux de leur héritage culturel, nous tenons à nous montrer très respectueux de leurs droits, ce sont eux qui décideront au final »,* tempère prudemment le ministre.

Car la réserve marine constitue aussi un enjeu politique pour les Rapa Nui, témoins du passé tumultueux de leur île, où ils ont plus d'une fois été maltraités par leurs colonisateurs. À Hanga Roa, il arrive qu'un café affiche un drapeau réclamant l'indépendance, alors que la majorité des Pascuans penche plutôt pour davantage d'autonomie. La méfiance vis-à-vis du gouvernement fait, elle, l'unanimité et se cristallise sur le parc national.
Celui-ci, classé aussi au Patrimoine mondial de l'Unesco depuis 1996 pour ses trésors archéologiques, occupe une bonne moitié des terres. Il est géré par l'État et les droits d'entrée qu'il génère partent directement à Santiago. Aussi, quelques mécontents ont occupé de mars à juillet la route qui y mène, privant les touristes de visite et les autorités nationales de subsides. Ils n'ont levé le camp qu'en échange de la promesse d'une consultation de la population. Ce qui fut fait fin octobre 2015 : ce dimanche-là, 86 % des habitants ont voté en faveur d'une administration conjointe, avec l'administration chilienne, du parc dont ils avaient pu se sentir dépossédés.

Pas question de revivre cette expérience avec la réserve marine, ils l'ont écrit dans leur proposition envoyée début septembre à Heraldo Muñoz et aux nombreux autres ministres concernés. En plus de préserver la pêche côtière, le projet pourrait aussi *« devenir un exemple pour les relations entre l'État et les peuples autochtones et permettre au Chili de se positionner comme un chef de file mondial pour la conservation marine ».*

Chaque semaine depuis quatorze mois, des associations de pêcheurs, des membres du conseil des anciens, du secteur touristique, des centres de plongée, des élus locaux se sont réunis autour de la table ronde de la mer, débattant du périmètre exact de la zone à préserver, de son mode de gestion et même de son nom. Personne ne veut plus entendre parler de « parc », ni national ni marin.

Au nom des anciens, Alberto Hotus, 86 ans, participe à la table ronde et se passionne : *« Ça fait des décennies que les bateaux pirates prennent nos poissons pour en faire de la farine ! Une famine se prépare dans le monde,* pronostique cet ancien infirmier militaire, qui dit avoir connu la

faim ici. *Pour nourrir l'humanité entière, il faut changer nos façons de faire, préserver et diversifier les ressources, ne pas prendre que du thon et laisser les poissons grandir !* » Ces sages préceptes écologistes sont largement partagés désormais, sauf chez quelques récalcitrants, comme cette association de pêche – on n'en compte pas moins de six sur l'île –, qui redoute d'être progressivement empêchée d'exercer. L'un de ses membres, Petero Hito, rapporte qu'il venait juste d'investir dans un moteur plus puissant. Pourquoi n'aurait-il plus le droit de naviguer où il veut ?

Chemise à fleurs, le maire de l'île, Pedro Edmunds Paoa – un ancien chef d'entreprise –, reçoit les participants à la table ronde autour d'un barbecue de poissons. Et ne manque pas de les saluer en rapa nui. « *Nous exigeons de protéger jusqu'à l'île Sala y Gomez, à l'est. Pour nous, celle-ci s'appelle Motu Motiro Hiva et fait partie de notre aire culturelle, insiste-t-il. Là-bas, l'État a créé en 2010 un "parc marin" qui n'est que de papier, sans investissement pour la surveillance, sans recherches scientifiques et sans nous consulter ! Nous l'avons appris dans les journaux. Ce n'est plus possible de décréter cela comme au temps de Pinochet !* »

Les Pascuans comme le gouvernement ne manqueront probablement pas de s'accuser mutuellement de mauvaise volonté si survenait un éventuel accroc de dernière minute. Cependant, chacun sait que le dossier ne se traite pas uniquement à deux, mais de fait à trois, avec les bailleurs de fonds.

CI-CONTRE :
- Un temps, les Pascuans ont planté dans le cratère de ce volcan abrité du vent. Celui-ci garde l'histoire des cultures et de la végétation de l'île : graines, pollens, racines d'arbres qui ont à présent disparu.
- Les moai ont été installés tournant le dos à la mer pour veiller sur les humains.

La Fondation suisse Bertarelli, créée par une famille d'origine italienne héritière d'une des plus grosses entreprises mondiales de biotechnologie, a mis entre 3,5 et 4,4 millions d'euros dans le projet de réserve. *« En quatre ans, cet argent a essentiellement servi à financer les études scientifiques sur l'écosystème et à payer une première série d'images satellites destinées à surveiller l'activité des bateaux de pêche dans la zone »*, confie Damian Jensen, qui représente cette organisation.

À Hanga Roa, deux ou trois personnes de Pew Charitable Trusts – qui ne souhaite pas révéler les montants qu'elle consacre à faire naître la future réserve – travaillent en permanence à arrondir les angles et à vanter les bienfaits de la conservation auprès des 400 familles les plus anciennes de l'île, tandis que d'autres mènent un lobbying assumé auprès des autorités chiliennes. *« Avant qu'ils arrivent, on ne savait pas à quel point on se faisait spolier*, témoigne le maire. *Ils ont emmené certains d'entre nous à Santiago pour discuter et voir comment ça se passe dans d'autres réserves marines du Pacifique, en Nouvelle-Zélande, aux Fidji, à Palau. »* Une telle générosité interroge les Pascuans, reconnaît-il, en concluant : *« J'espère qu'ils ne nous trahiront pas. »*

« Si nous sauvons la pêche traditionnelle, nous sauverons aussi la culture de cette île qui me tient particulièrement à cœur, assure Matt Rand, qui dirige le programme de création de réserves marines pour Pew. Mais pourquoi s'être lancé dans un défi pareil sans garantie de succès ? *« Seul 1 % de l'océan est vraiment sous protection, et il n'y a pas tant d'endroits que ça où fonder une réserve de cette taille*, répond Matt Rand. *On ne peut le faire qu'avec des fonds marins en bon état et qui ne sont pas déjà exploités par l'industrie. Contre les activités économiques, il est trop difficile de lutter. »*

Avec la Fondation Bertarelli, Pew s'emploie à faire éclore une autre zone protégée géante dans le Pacifique sud, autour de l'île Pitcairn, à 2 000 km de là. Comme ses habitants – les plus proches voisins des Pascuans – ne sont qu'une cinquantaine, ils n'auraient certes pas les moyens d'administrer un espace pareil sans les bailleurs de fonds internationaux prêts à financer des satellites de surveillance.

Au total, Pew s'est fixé pour objectif d'obtenir la création de quinze « no take zones » d'ici à 2022, d'au moins 257 000 km^2 chacune, isolées et bien surveillées, avec comme partenaire la Fondation Bertarelli dans la plupart des cas. Cette dernière soutient de son côté la préservation des eaux de l'archipel des Chagos avec le gouvernement britannique dans l'océan Indien. À terme, cette aire protégée-là, celle de l'île de Pâques et celle de Pitcairn devraient constituer les trois plus vastes réserves marines du monde. Cette façon de chercher à mettre sous cloche d'aussi larges portions de l'espace marin finit par inquiéter certains, qui y voient une forme d'appropriation. *« Nous ne créons rien, nous proposons notre aide aux gouvernements concernés, c'est tout »*, minimise Matt Rand.

À près de 14 000 km de là, à Paris, l'océan n'a pas fait partie des négociations de la COP21, la conférence des Nations unies sur le changement climatique, mais seulement de l'agenda de la société civile. Le milieu marin qui souffre de surexploitation, de réchauffement et d'acidification est pourtant l'un des deux poumons de la planète avec les forêts. Blanchiment des coraux, poissons juvéniles engloutis par des légions de méduses, zones côtières privées d'oxygène, mammifères perdant leurs repères en même temps que le bruit des lourds chaluts et des extractions industrielles gagnent les fonds... On n'en finirait pas de dresser l'inventaire de tous ses maux.

Texte : **RÉMI BARROUX**
Photos : **GEORGES BARTOLI / DIVERGENCE**

BANYULS
COUP DE CHAUD
SUR LES VIGNES

PAGES D'OUVERTURE : Sur les hauteurs de Banyuls-sur-Mer (Pyrénées-Orientales), Valérie Reig veille ses vignes du domaine de la Casa Blanca, 7,2 ha dont plus de la moité en bio.
CI-DESSUS ET CI-CONTRE : Les vignes sont replantées selon des techniques qui évitent le désherbage chimique. Depuis l'Antiquité, un système de drainage, avec des rigoles en Y faites de pierres, les « peu de gall », permet de faciliter l'écoulement des eaux. Sans ces rigoles, qui forment un véritable puzzle avec les parcelles de vignes, le ruissellement des eaux emporterait la fine couche de terre d'une vingtaine de centimètres, qui recouvre le sol schisteux. Mais avec le réchauffement, les priorités s'inversent. Il faudra installer peut-être des petites retenues d'eau pour lutter contre la sécheresse qui gagne le vignoble.

CI-CONTRE : Défrichage d'une garrigue à la Rabassada pour y planter une nouvelle vigne sur le territoire de l'appellation Banyuls-Collioure, 1 740 hectares au total qui ont produit, en 2013, 16 140 hectolitres de Banyuls et Banyuls grand cru et près de 13 000 hectolitres de Collioure.
Le sol schisteux rend le travail difficile. Ici tout se fait à la main.

AU SUD DE PERPIGNAN, SUR LES COTEAUX DE BANYULS, **LES VINS ONT GAGNÉ 1 °C D'ALCOOL TOUS LES DIX ANS DEPUIS TRENTE ANS**. LE RÉCHAUFFEMENT CLIMATIQUE MENACE L'ÉQUILIBRE DU VIGNOBLE MONDIAL.

Des hauts coteaux, les vignes descendent à l'abrupt, tombant presque dans les flots bleus de la Méditerranée. Un vignoble de montagne au bord de la mer, comme les viticulteurs locaux aiment à l'appeler, au sol schisteux très dur, où le travail se fait à la main. Banyuls et ses voisines, Port-Vendres, Collioure et Cerbère, quatre communes vouées à une appellation d'origine contrôlée (AOC), banyuls-collioure, au sud de Perpignan (Pyrénées-Orientales), à quelques dizaines de kilomètres de l'Espagne.

Le nectar s'y décline en trois couleurs, blanc, rosé et rouge, et l'AOC réunit le collioure, un vin tranquille, et le banyuls, un vin doux. Pour confectionner ce vin muté, on ajoute, pendant la fermentation des raisins cueillis très mûrs, de l'alcool de raisin pur à 96 %. L'opération permet de garder les sucres naturels et augmente le potentiel alcoolique du vin.

Ici, dans ce paysage verdoyant de vignes où domine le grenache, le cépage roi, sculpté par les murets en pierre des terrasses et les « peu de gall », un système d'écoulement des eaux très ancien permettant de limiter l'érosion des sols, on connaît les chaleurs estivales, tout juste rafraîchies par des vents, la tramontane en particulier, qui dépassent souvent les 120 km/heure. Mais depuis une vingtaine années, le vignoble est assailli par des bourrasques imprévues, des pluies torrentielles, des gelées tardives ou des sécheresses récurrentes.

Des siècles consacrés à l'art du vin – les premières vignes remontent à la présence des Grecs – sont menacés par le changement climatique.
Yvon Berta-Maillol, 79 ans, la barbe et la moustache broussailleuses, n'imagine pas que son domaine, l'un des plus anciens de la région puisqu'on en trouve la trace dès 1611, puisse disparaître. Mais force lui est de constater que beaucoup de choses ont changé, notamment le calendrier phénologique, date de floraison, de véraison – quand le fruit commence à apparaître – et celle des vendanges, bien sûr. *« Avant, on ne cueillait jamais les banyuls avant le 15-20 septembre ; aujourd'hui, il n'est pas rare de commencer dès les premiers jours du mois »*, raconte-t-il.

Son voisin de la commune de Collioure, Vincent Cantié, témoigne aussi de ce bouleversement climatique. Propriétaire du domaine de la Tour vieille, sur les hauteurs du petit port catalan, capitale de l'anchois, il se rappelle avoir vendangé le 19 septembre en 1985. Trente ans plus tard, il a débuté la récolte du raisin le 27 août, soit plus de vingt jours plus tôt.
Pour contrer les chaleurs estivales, ses équipes de vendangeurs travaillent dès les premières heures de la matinée, et son raisin est ensuite stocké en chambre froide. *« C'est une nécessité : quand on rentre en cave un raisin à 34 °C et qu'il prend en plus 10 °C en macération, cela devient compliqué »*, explique M. Cantié.

CI-DESSUS ET CI-CONTRE : Les Berta se succèdent à la tête du domaine Berta-Maillol, à Banyuls-sur-Mer, l'un des plus anciens de la région, puisqu'on en trouve trace dès 1611. Quatre cents ans de tradition viticole ! Yvon, le père, a pris la direction de ce domaine de 23 hectares dont 14 plantés en vignes, en 1975, puis l'a laissé à son aîné, Jean-Louis en 1996. Ce dernier sera ensuite rejoint par deux de ses frères, Michel puis Georges.
PAGES SUIVANTES : Yvon, 78 ans, pose avec le portrait de son grand-père, Raymond Berta. L'un de ses oncles n'est autre qu'Aristide Maillol, le sculpteur né à Banyuls en 1861 et mort en 1944. Ses célèbres nus féminins, en bronze, ornent notamment le Jardin des Tuileries, à Paris, et le front de mer à Banyuls, sa ville.

FFICHAGE OBLIGATOIRE
vaslin

Domaine

CI-DESSUS : Plantier de pieds de vignes expérimentaux au domaine du Pech Rouge. L'un des objectifs des chercheurs de l'Inra est d'obtenir des cépages résistants aux maladies comme le mildiou et l'oïdium, et capables de produire des vins à faible degré alcoolique (entre 10 et 11 °C). Ces cépages permettraient de contrer les effets du réchauffement climatique, propice à l'augmentation du degré alcoolique, et répondraient aussi à une tendance du marché, plus orienté vers des vins moins alcoolisés.

CI-DESSOUS :
- Contrôle dans le laboratoire du domaine du Pech Rouge des microvignes utilisées pour produire des croisements de variétés, moins susceptibles de se charger en sucre. Ces croisements ne sont pas des organismes génétiquement modifiés obtenus par des moyens chimiques.
- Dans les laboratoires du domaine du Pech Rouge, Évelyne Aguera, chercheuse à l'Inra, prélève des échantillons de vin blanc dans des fermenteurs, appareils qui servent à surveiller et à mesurer les taux de levures contenus dans le vin. Ces levures, présentes naturellement dans le raisin, permettent de transformer le sucre des grains en alcool.

CI-CONTRE : Dans le chai, sous terre, Jean-Louis Escudier (Inra) suit le vieillissement et l'évolution des vins issus de cépages croisés en vue de leur adaptation au réchauffement climatique. Le domaine du Pech Rouge vend sa propre production, des vins des Corbières, du muscat et des monocépages, viognier, marselan, chardonnay…

LE VIGNERON SAIT QU'IL A DES OUTILS POUR FAIRE FACE AU CHANGEMENT CLIMATIQUE DANS LES PROCHAINES ANNÉES.

Pour ne pas disparaître, certaines appellations d'origine contrôlée – la France en compte 350 – vont devoir évoluer. « *Une appellation, c'est une promesse au consommateur, une typicité correspondant à un terroir qui ne pourra pas être délocalisé, mais ce n'est pas un musée* », explique Jean-Luc Dairien, directeur de l'Institut national de l'origine et de la qualité (Inao). Plusieurs groupes travaillent, à l'institut, sur ces questions de réchauffement climatique. « *L'équilibre des vins risque d'être perturbé, mais le vigneron sait qu'il a des outils pour faire face au changement climatique dans les prochaines années, rassure le directeur de l'Inao. On doit néanmoins voir plus loin, chercher, expérimenter. La conduite de la vigne, les pratiques œnologiques, les conditions de stockage, la nature des intrants qui peuvent être autorisés, l'évolution est déjà en cours.* » De plus en plus de vignerons se posent les bonnes questions, s'adaptent et, en choisissant des pratiques durables, soucieuses de l'environnement, participent à la lutte contre le changement climatique. « *Il y a aussi des régions où ces problèmes n'ont pas encore traversé les murs de la cave* », regrette M. Dairien.

Dans sa ferme du Pech Rouge, à quelques kilomètres des plages de Gruissan, Hernan Ojeda travaille sur des solutions pour lutter notamment contre le stress hydrique de la vigne. Il étudie comment en réduire la surface foliaire ou comment la rapprocher du sol. Pour contrer la sécheresse, il y a, bien sûr, l'eau. Mais l'irrigation n'est pas autorisée dans le cahier des charges de la plupart des appellations et représente un sujet souvent tabou. Certains l'appellent de leurs vœux. Problème, le réchauffement climatique ne touche pas que la vigne : de nombreuses cultures, maraîchères, fruitières et céréalières auront aussi besoin d'eau. La concurrence va être rude. « *Là où il faut 4 500 m^3 d'eau pour 1 hectare de vigne, le riz en réclame 7 700 m^3, le maïs, 5 750 m^3, le blé 5 500 m^3. En Argentine, 99 % de la vigne sont irrigués et personne ne se pose de questions* », avance Hernan, Argentin d'origine.

Si la vigne, une liane plutôt résistante dont les racines savent aller chercher l'eau en profondeur, sait s'adapter, certains cépages méridionaux comme le mourvèdre, le vermentino ou la syrah commencent à souffrir. Alors, si l'irrigation était autorisée, pourquoi ne pas réutiliser les eaux usées, provenant de stations d'épuration, surtout dans une région touristique comme le Languedoc-Roussillon, à forte consommation d'eau durant les périodes chaudes estivales.
Depuis trois ans, une expérimentation est en cours sur un demi-hectare à Gruissan, avec Veolia, et aucune différence qualitative n'a affecté le raisin. Elle devrait être étendue sur 10 hectares. « *Dans la Mancha, en Espagne, ils ont espacé les rangs de vigne tous les 3 mètres pour éviter la concurrence entre les ceps, mais cela réduit la production, tout en occupant de grandes surfaces de terres, un scénario impossible à Banyuls* », avance Hernan Ojeda. Il y a encore l'idée d'installer des panneaux solaires qui feraient de l'ombre à la vigne tout en produisant de l'énergie.

CI-DESSUS : Le domaine de Valérie Reig, la Casa Blanca, a été fondé en 1870. Convertie en partie au bio, la jeune femme, née à Banyuls un siècle plus tard, pratique l'agropastoralisme. Brebis et poules se relayent dans ses vignes pour désherber. Et Valérie travaille la terre avec ses mulets, pratiques pour arpenter les dévers de ses parcelles.

« **ON EXERCE UN MÉTIER D'ÉQUILIBRISTE**, ON SAIT QUE CELA CHANGE, MAIS TOUT RESTE POSSIBLE. »

On trouve aussi les adeptes de l'agroforesterie, un mode associant plantations d'arbres et cultures. Dans les vignobles, cela consisterait à planter des fruitiers autour des parcelles, ce qui diminuerait l'ensoleillement et protégerait du vent. Valérie Reig teste, elle, l'agropastoralisme dans les vignes pentues de son domaine, la Casa Blanca, 7,2 hectares dont plus de la moitié en bio. Des brebis en hiver lui évitent de bêcher et de désherber. Au printemps, des poules prennent le relais, car les ovins mangent les feuilles. Et Valérie travaille ses parcelles avec Ursule, une jeune mule de 7 ans. C'est avec elle que la viticultrice, née à Banyuls en 1970, perçoit le mieux les caprices du changement climatique, ses coups de vent très forts, fréquents, et, surtout, ses écarts de température importants, 8 à 10 °C en cinq heures. « *Je vois mon mulet qui transpire en remontant les devers et qui, quelques heures plus tard, est saisi par le froid* », raconte-t-elle.
Amoureuse de la terre et de la vigne, Valérie Reig produit déjà des vins différents de ceux des anciens. « *Avant, ils réalisaient des banyuls oxydés, qu'ils faisaient chauffer dans des bonbonnes au soleil, alors que je recherche la fraîcheur, l'acidité,* explique-t-elle. *On exerce un métier d'équilibriste, on sait que cela change, mais tout reste possible.* »
Pour les auteurs de *Menace sur le vin, les défis du changement climatique* (Buchet Chastel, septembre 2015), Valéry Laramée de Tannenberg et Yves Leers, « *la vigne et le vin de la vieille Europe n'ont pas le choix : évoluer ou disparaître sous les coups de boutoir du changement climatique* ».
À Banyuls, dans sa cave de la Casa Blanca qui remonte au XIXe siècle, encombrée de vieilles barriques et de nouveaux fûts, Valérie Reig a déjà choisi. Elle s'adapte, se tourne vers des pratiques respectueuses de l'environnement, tentant de freiner le réchauffement. Et si demain, les conditions climatiques la forçaient à faire des vins différents, plus alcooliques, moins « frais », Valérie changerait de métier.

Texte : **HAROLD THIBAULT**
Photos : **GILLES SABRIÉ**

AUX SOURCES DU YANGZI

CHÂTEAU D'EAU EN PÉRIL

8 000 KM^2 DE GLACIERS DE LA RÉPUBLIQUE POPULAIRE ONT FONDU AU COURS DES TRENTE DERNIÈRES ANNÉES.

S'il a accepté de nous emmener avec lui, alors que seule une poignée d'étrangers est allée jusqu'aux sources du Yangzi, c'est pour témoigner de la gravité de la dégradation de la région.

Grâce à ses cours d'eau, le plateau tibétain est le château d'eau de l'Asie. Son réchauffement, l'été, et la barrière montagneuse de l'Himalaya jouent également un rôle majeur dans le déclenchement des moussons, qui rythment l'agriculture de tout le continent.

Le projet de Yang Yong est une œuvre titanesque. Il entend établir un modèle scientifique expliquant l'impact de l'activité humaine et des évolutions naturelles sur la région : le réchauffement, la fonte des glaces, la désertification des steppes. *« Plus je constate de problèmes et plus je suis anxieux, mais mon approche doit nécessairement être celle d'un scientifique »*, explique ce géologue de formation dont même les amis proches concèdent qu'il a le caractère bien endurci allant avec le climat inhospitalier.
Avec les pôles Nord et Sud, le plateau du Qinghai-Tibet est la région la plus exposée à la fonte des glaces. Dans une étude publiée au mois de mai 2014, des chercheurs de l'Académie chinoise des sciences concluaient que 8 000 km^2 de glaciers de la République populaire ont fondu au cours des trente dernières années, soit 15 % de leur superficie initiale. Le phénomène s'est accéléré depuis les années 1990, estimaient les auteurs, prévenant que le débit des grands fleuves de la région pourrait, à terme, s'en trouver substantiellement réduit.
Dès le premier jour d'une longue semaine sur la piste, les arbres ont disparu. Les villages commencent à se faire plus rares à leur tour, jusqu'à ce qu'on n'en traverse plus aucun pour ne découvrir, chaque jour, que quelques yourtes et les familles de nomades tibétains qui les habitent. Passé les 5 000 mètres, on rencontre de moins en moins de ces foyers isolés pour ne voir que quelques rapaces et des antilopes tibétaines.

Lorsqu'on la remonte, la rivière Tuotuo, portion la plus haute du Yangzi, se fait plus étroite. Ses berges sont gagnées progressivement par le sable.

CI-DESSOUS : Paysage de steppes et de montagnes dans le bassin des sources du Yangtzi. Le parc, d'une superficie de 365 000 km², est la source du Yangtzi, mais aussi du fleuve Jaune et du Mékong.

FACE À LA DÉSERTIFICATION, **LES AUTORITÉS METTENT EN ACCUSATION LE MODE DE VIE NOMADE.**

Quand la progression de l'équipe est à nouveau compromise par ce terrain impossible, Yang Yong en profite pour sortir sa loupe. Il s'agenouille et baisse la tête, posant un regard expert sur les grains de sable. En les comparant à des échantillons prélevés ailleurs, il veut établir une carte des vents puissants qui contribuent à la rapide désertification de la steppe. Il craint que, faute de mesures adaptées, le plateau tibétain ne devienne le prochain Taklamakan, grand désert de l'Ouest chinois.

Les couloirs de vent formés entre les montagnes par la rivière Tuotuo et les affluents du Yangzi sur le plateau constituent un terrain particulièrement propice. La steppe, d'abord spongieuse, s'y assèche rapidement. Les vents contribuent ensuite à transformer cette terre en sable. Apparaissent alors des dunes, qui peuvent s'élever à une bonne cinquantaine de mètres et que Yang Yong et ses acolytes appellent « nouvelles lunes » en raison de l'arrondi de leurs crêtes.

Une autre menace vient aggraver la situation : la marmotte. Les nomades tibétains ont longtemps chassé, pour leur peau et leur fourrure, les prédateurs de la région. Les loups, renards, ours et autres léopards des neiges se font bien plus rares que par le passé, de sorte que le rongeur pullule et grignote les herbes du plateau au climat déjà extrême. La steppe est ainsi attaquée tel un gruyère. *« Le terrain est dévoré par les marmottes, et ça ne cesse d'empirer ces dernières années »*, se lamente Gele, 50 ans, un nomade qui, avec sa famille, élève près de 200 yaks.
Les solutions apportées par le gouvernement à ces changements se révèlent inadaptées. Contre les marmottes, il organise des battues au cours desquelles les participants déposent de la mort-aux-rats dans les cavités creusées par le rongeur. La méthode est illusoire. Le plateau s'étend sur 2,5 millions de kilomètres carrés, environ cinq fois la France. Pour Yang Yong, il est évident qu'il conviendrait davantage de travailler à rétablir l'écosystème et la chaîne alimentaire. Il s'insurge contre les réponses apportées par l'État chinois à la rapide dégradation de cette région cruciale.

Face à la désertification, les autorités mettent également en accusation le mode de vie nomade et l'élevage de yaks qui l'accompagne. Pékin dénonce le surpâturage et a imposé une décision des plus controversées : la sédentarisation forcée. Cette politique répond par la même occasion à l'obsession du pouvoir chinois de contrôler cette minorité agitée. Les nomades tibétains sont parqués

CI-CONTRE : Un jeune nomade tibétain regroupe ses yaks sur les steppes du plateau tibétain.

« FACE AU CHANGEMENT CLIMATIQUE, **IL FAUT CHANGER TOUTES NOS HABITUDES DE VIE**. »

dans de nouveaux villages modèles où les maisons sont strictement alignées. Y maintenir l'élevage comme activité économique relève de l'impossible, la concentration de foyers est trop élevée pour que chacun puisse laisser paître ses bêtes, et les variations de températures entre été et hiver à cette altitude rendent nécessaire de monter et descendre au rythme des saisons. L'élevage nomade de yaks a pourtant joué un rôle régulateur sur l'écosystème du plateau depuis des siècles. Aujourd'hui, sur les steppes, à perte de vue, des grillages viennent empêcher ces déplacements tout autant que la circulation des espèces sauvages.

Contre la désertification, le gouvernement chinois déclenche également, plusieurs fois par an, des pluies et neiges par un procédé artificiel, l'ensemencement des nuages à l'aide de fusées de chlorure d'argent. Autant de mesures à l'efficacité douteuse et aux effets secondaires imprévisibles – les risques de la mort-aux-rats pour les autres animaux, l'impact des clôtures sur la survie d'espèces déjà menacées, la destruction de l'économie nomade tibétaine ou encore le déclenchement forcé des pluies dans une région au climat des plus extrêmes.
Ces traitements adoptés à la va-vite par les officiels, sans réel débat, peuvent ajouter aux déséquilibres plutôt que d'y remédier : *« Ces réponses ne reposent que sur une compréhension très superficielle de la chaîne de problèmes »*, s'inquiète M. Yang, cheveux en bataille, emmitouflé dans sa doudoune.

En revanche, l'exploitation minière va bon train, comme le prouve le va-et-vient des camions sur la grande nationale faisant le lien entre Lhassa et Xining et qui divise le plateau du nord au sud. Il en va de même de la construction de barrages sur le Yangzi et les autres fleuves de la région, l'un des sujets que Yang Yong suit au plus près.
Dans un pays où les critiques du pouvoir finissent derrière les barreaux, il convient de peser prudemment ses mots. Yang Yong prend donc soin de préciser qu'il ne s'est jamais dit ouvertement opposé au développement des barrages, il milite en faveur d'une approche scientifique, permettant de comprendre les fonctions naturelles, économiques et sociales des rivières. Bref, de réfléchir avant de poser de nouvelles retenues. *« Or, notre mode de décision actuel n'est guidé que par l'argent »*, s'alarme l'aventurier.

Alors que la Chine, en pleine ascension, voudrait améliorer son soft power, c'est-à-dire sa capacité de séduction à l'international, des hommes comme Yang Yong sont probablement, et sans que le pouvoir ne s'en aperçoive, son meilleur atout. Ils montrent que, chez le premier émetteur de gaz à effet de serre, on se préoccupe aussi de l'avenir de la planète, que certains en font leur combat. *« Maintenant, on se demande quoi faire face au changement climatique. Il faut changer toutes nos habitudes de vie »*, lance M. Yang.
C'est de grandir près de la rivière Jinsha, le nom du Yangzi passé ses premières courbes, lorsqu'il serpente à travers les provinces du Yunnan et du Sichuan, qui amena Yang Yong à s'intéresser à la santé des fleuves. En 1986, il compte parmi les inconscients qui, pour la première fois, descendent l'essentiel du Chang Jiang (autre nom du « long fleuve », en mandarin), de sa source jusqu'à l'embouchure, à Shanghai, en canot pneumatique. Plusieurs Chinois perdront la vie dans les rapides, tandis qu'un photographe américain périra du mal de l'altitude. C'est autour de ce même cours d'eau que Yang Yong va prospecter lorsque, après des études de géologie, il est embauché par une compagnie minière étatique ; mais il s'agit alors davantage de trouver des lieux à creuser. Il parvient à se faire muter au nouveau bureau d'études d'impact écologique lorsque cette entreprise se résout à en créer un. Sur son temps libre, il suit déjà en parallèle les problèmes environnementaux de la Chine, se rend aux conférences, écrit aux ministères. Une approche *« à la fois révoltée et naïve »*. Il démissionne, optant ainsi pour un engagement constructif mais absolu.

加油

CI-CONTRE :
- Village construit pour reloger les nomades sédentarisés.
- Une famille tibétaine du village de Suojia. Au-dessus de leur porte trône le portrait de Mao en céramique.

CI-DESSUS : Le surpâturage est considéré comme l'une des causes de la désertification du plateau tibétain. Le gouvernement a mis en place une politique de restriction du nomadisme pastoral, obligeant des milliers de nomades à se sédentariser. Cette politique au coût social élevé est extrêmement controversée et jugée inefficace.

PAGES SUIVANTES : Les pikas, qui prolifèrent sur le plateau tibétain, sont considérés comme l'une des causes de la désertification des steppes.

LES MORAINES DU GLACIER SONT LE SIGNE D'**UN RAPIDE RECUL CES DERNIÈRES ANNÉES**.

Alors qu'un nombre croissant de Chinois accède à la petite prospérité, Yang Yong est conscient du poids que ce changement fait peser sur les ressources naturelles du pays. Il agira à sa façon, en se focalisant plus particulièrement sur les rivières qu'il qualifie de *« système nerveux de l'Asie »*. Il n'est pas membre des institutions officielles, les universités et l'Académie chinoise des sciences, car ces structures sont contrôlées de trop près, juge l'un de ses amis. Mais son approche centrée sur l'environnement et la science, et non sur la politique, lui permet de tenir en selle. Il est attaqué par les sociétés publiques qui construisent les barrages, elles arguent que ses recherches sont insuffisantes, qu'il n'est qu'un citoyen de la base, que, si le pouvoir a décidé d'une politique de construction massive de retenues hydroélectriques, c'est qu'il doit bien savoir ce qu'il fait. Lui parvient à monter ses expéditions, se débat pour parvenir tant bien que mal à les faire financer. Sans même s'en apercevoir, il devient un modèle parmi ceux qui se renseignent sur l'environnement. Son approche scientifique lui permet de ne pas avoir à ses trousses l'appareil sécuritaire, comme c'est le cas de militants plus frontaux, même si son entourage juge qu'il est suivi de près.

Après un éprouvant périple, le glacier Jianggendiru, source officielle du Yangzi, apparaît enfin, au bout d'une longue vallée où ne vivent en tout et pour tout que sept familles d'éleveurs montagnards. Les moraines sont le signe d'un rapide recul ces dernières années. Yang Yong prend note du retrait de la masse glaciaire. Il l'a ainsi vue se retirer sur un bon kilomètre pour laisser place à un sol noir, et il en témoigne en comparant les photos prises à chacune de ses expéditions. En remontant, le Jianggendiru s'est divisé en deux parties qui ne se relient plus, alors que, lorsque l'explorateur l'a vu les premières fois, il ne formait qu'un seul bloc imposant.

Spectatrice de ce recul, la famille d'éleveurs tibétains dont fait partie Namzha, 42 ans, a adapté son mode de vie. Puisque la barre des neiges éternelles

est rapidement remontée autour du territoire qu'ils occupaient l'été, lui et ses proches ont pu envisager progressivement d'y rester également l'hiver. En 1999, la famille s'est lancée dans la construction d'une maison en dur, à moins de 5 km du glacier. Faute de réseau téléphonique, dans la vallée, les frères, sœurs et parents se parlent à l'aide de talkies-walkies.
Dans la langue du Kham, inintelligible aux Tibétains venus d'ailleurs sur le plateau, Namzha explique que sa famille fut la première à s'installer à proximité du Jianggendiru, du fait de la fonte des glaces.

Les Tibétains témoignent volontiers que le scientifique chinois, rare visiteur dans cette région coupée du monde, n'affabule pas avec son obsession du changement climatique. *« Lorsque j'étais petit, le glacier couvrait tous les alentours »*, se souvient Namzha, en indiquant un secteur allant jusqu'au pied des montagnes qui encerclent la vallée. Il décrit ainsi un grand cercle autour de lui. Trois décennies plus tard, il constate en se retournant vers le glacier amaigri : *« Il ne nous reste plus que ça. »*

« LORSQUE J'ÉTAIS PETIT, LE GLACIER COUVRAIT TOUS LES ALENTOURS, SE SOUVIENT NAMZHA. **AUJOURD'HUI, IL NE RESTE PLUS QUE ÇA.** »

PAGES PRÉCÉDENTES : Des nomades tibétains se dirigent vers le glacier de Jianggendiru.
CI-CONTRE : Le glacier a fortement reculé au cours des dernières années sous l'effet du réchauffement climatique laissant place aux moraines glaciaires.
CI-DESSUS : L'apparition d'un sol rocailleux noirâtre témoigne de la rapide fonte des glaces aux sources du fleuve Yangzi.

Texte : **SÉBASTIEN HERVIEU**
Photos : **ALEXIA WEBSTER**

L'AFRIQUE DU SUD
CHANGE DE CAP

orga

PAGES D'OUVERTURE : West Coast One est l'un des 92 projets d'énergies renouvelables (6 300 mégawatts au total) développés en Afrique du Sud depuis quatre ans. Cette ferme éolienne, appartenant à Engie (ex GDF-Suez) fournit 94 mégawatts d'électricité.
PAGES PRÉCÉDENTES : Le site accueille 47 éoliennes d'une centaine de mètre de hauteur. Dans cette région côtière, le vent souffle en moyenne entre 25 et 40 km/h.
CI-CONTRE : Tous les habitants ne sont pas contents car il y a des fuites d'eau qui mettent beaucoup de temps à être réparées, ce qui les oblige à réutiliser leurs bouilloires pour faire chauffer de l'eau et à faire augmenter leur facture d'électricité.

AVEC SES CÔTES VENTEUSES ET SES GRANDS ESPACES SEMI-DÉSERTIQUES, **LE PLUS GROS POLLUEUR AFRICAIN DISPOSE D'UN GISEMENT D'ÉNERGIES PROPRES EXCEPTIONNEL.**

En grimpant au sommet, Katlego Motseo, casque sur la tête, aperçoit son ancien lieu de travail. Derrière la ligne de crête de la côte sud-africaine, au loin, un bout de l'océan Atlantique dans lequel il a plongé pendant des années comme mécanicien de sous-marins. *« Maintenant, mon bureau est plutôt au grand air ! »*, rigole le réparateur d'éoliennes. À presque 100 mètres du sol, le technicien du fabricant danois Vestas avance sur le toit d'un moulin du XXIe siècle en passant les mousquetons de sa sangle de sécurité d'un crochet à un autre. Il se prépare à redescendre dans la nacelle où se trouve le générateur. Une fuite d'huile le chiffonne. Au sein de sa famille, il a eu fort à faire pour expliquer son travail. *« À la campagne, ils ne savent pas ce qu'est une éolienne, s'excuse-t-il. Je leur ai montré une photo, et surtout je leur ai dit : "Avec ça, vous aurez moins de coupures d'électricité." Ils ont aimé ! »*
Les pales de 46 autres éoliennes continuent de tourner, les rotors se déplaçant pour suivre la direction du vent. *« En une journée, ils peuvent changer jusqu'à huit fois de position »*, précise Brendon Sarels, chargé du fonctionnement de West Coast One, géré par le consortium Aurora Wind Power. Développée par le Français Engie, avec d'autres partenaires, cette ferme éolienne fournit 94 mégawatts (MW) d'électricité au réseau sud-africain depuis le mois de juin. *« Ce site est idéal car les courants de vent viennent de partout »*, résume le responsable. Le sommet du mât oscille légèrement sous ses pieds.
Ici, au nord du Cap, près de Vredenburg, le vent souffle en moyenne entre 25 km/heure et 40 km/heure. Au-delà de 90 km/heure, il est plus prudent de stopper l'élégant élan de ces machines. À leurs pieds paissent des moutons, apparemment guère perturbés par le ronflement des pales tournoyantes. Et qu'en est-il de la grue de paradis, volatile emblème de l'Afrique du Sud et habituée de la région ? *« Nous avons pris en considération les oiseaux migrateurs pour ne pas nous retrouver sur leur passage »*, assure Brendon Sarels. Seules 47 turbines ont été érigées, au lieu des 80 prévues, en raison des exigences environnementales.
Il ne faut pas s'y tromper : l'Afrique du Sud est devenue une terre particulièrement favorable aux énergies renouvelables. Par ses centaines de kilomètres de côtes venteuses dans le Sud, et ses grands espaces semi-désertiques à l'intérieur des terres, le pays bénéficie d'un potentiel éolien et solaire exceptionnel. Après une prise de conscience tardive, les autorités ont décidé d'en tirer parti. Le gouvernement a promis que, d'ici à 2030, 42 % des nouvelles capacités électriques du pays seraient issues du solaire et de l'éolien, soit 17 800 MW.
West Coast One est l'un des 92 projets d'énergies renouvelables développés dans le pays depuis quatre ans. Et plus d'un tiers sont déjà entrés en exploitation. Les proches de Katlego Motseo ont de plus en plus de chances d'apercevoir une éolienne. Il y en a 400 en fonctionnement, contre huit en 2012.

« L'Afrique du Sud a pris une nouvelle trajectoire de développement et de croissance durable, il n'y aura pas de retour en arrière, affirmait en septembre la ministre sud-africaine de l'énergie, Tina Joemat-Pettersson. En moins de cinq ans, nous sommes fiers d'être parvenus à faire partie des dix pays du monde qui ont le plus investi dans les technologies des énergies renouvelables. »
Une façon aussi pour elle de masquer un autre classement moins flatteur : celui du Top 20 mondial des émissions de gaz à effet de serre (GES), dans lequel l'Afrique du Sud (462 millions de tonnes équivalent CO_2) figure toujours. Presque 90 % de son électricité prend sa source dans le charbon. Le sous-sol en regorge.
L'attitude du plus gros pollueur d'Afrique a été une des clés des négociations de la conférence des Nations unies sur les changements climatiques (COP21) à Paris. C'est l'Afrique du Sud qui assurait en 2015 la présidence du G77, ce groupe de 133 pays en développement, plus la Chine, qui joue un rôle décisif dans le processus des négociations.

« **LE RENOUVELABLE, C'EST UNE SOLUTION RAPIDE,** ET LE PAYS A UN BESOIN URGENT D'ÉLECTRICITÉ. »

Avant ce rendez-vous à Paris, le poids lourd de l'Afrique australe avait rappelé sa volonté de diversifier son approvisionnement énergétique.
Le gouvernement s'engage à un pic de ses émissions entre 2020 et 2025, puis à une stabilisation jusqu'à l'horizon 2035, avant d'amorcer une diminution.
Dans le minuscule ascenseur le ramenant au pied de l'éolienne, Brendon Sarels ne peut que se réjouir du chemin emprunté par son pays : *« Le renouvelable, c'est une solution rapide, et le pays a un besoin urgent d'électricité. »* Né à quelques kilomètres de là, il a encore en mémoire les incessantes coupures du début d'année, les gouvernements successifs ayant laissé se dégrader le réseau national.
Le succès du programme étatique d'approvisionnement en énergies renouvelables fut d'autant plus une heureuse surprise. *« Les règles du jeu n'ont pas changé en cours de route, la sélection des dossiers a été de bon niveau, aucune affaire de corruption n'a éclaté,* liste Dirk De Vos, consultant spécialisé en énergie, *tout cela a rassuré les investisseurs. »* Autre avantage pour les Sud-Africains : la vive compétition entre les opérateurs privés a permis au fil des appels d'offres de faire baisser les tarifs d'achat. *« Entre la première et la quatrième phase, le prix du kilowattheure issu de l'éolien et acheté par la compagnie nationale, Eskom, a chuté de 50 %, soit 0,71 rand (0,046 euro) »*, rappelle le ministère de l'énergie.

CI-CONTRE :
- À l'initiative du projet iSchak, l'Institut de la durabilité de Stellenbosch a équipé 900 des 4 000 cabanes d'Enkanini.
- Enchevêtrement de 4 000 cabanes en tôle dans le bidonville d'Enkanini.
- La famille de Nosipho Nkalitshana dispose de trois panneaux solaires au lieu d'un. Elle a un réfrigérateur à faire fonctionner.
- De l'autre côté de la route, en face des parcs solaires, les maisons sans électricité des familles victimes de l'évacuation forcée dans les années 1960 sous le régime d'apartheid.

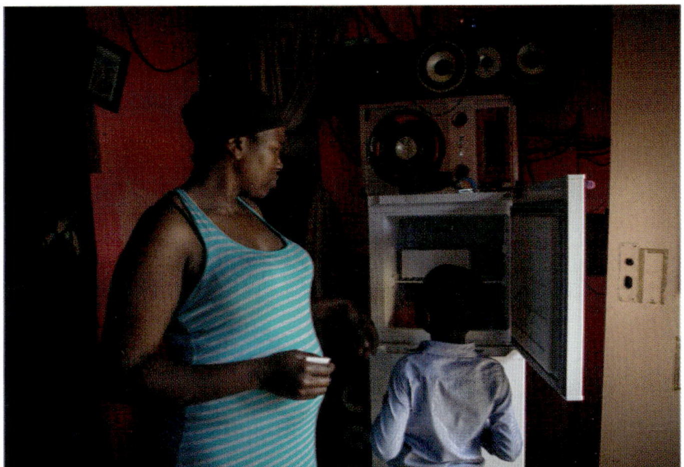

CI-CONTRE : Pour son exploitation, SolarReserve loue des terres aux fermiers. Allan Scholtz dit : *« Je suis bien content de toucher 150 000 rands par mois (10 000 euros) pour louer mes 1 500 hectares à cette compagnie américaine, car ce n'est pas drôle pour mes amis fermiers en ce moment. »*
CI-DESSOUS : *« Nous sommes en altitude, à 1 800 mètres, il ne pleut que 200 millimètres par an, il n'y pas d'humidité, pas de pollution, aucune perturbation qui puisse empêcher une concentration maximale des rayons solaires »*, explique un responsable du site de SolarReserve.

« **DES PETITS ACTEURS N'ONT PAS PU FAIRE LE POIDS** FACE AUX COMPAGNIES ÉTRANGÈRES. »

« Au début, il y avait beaucoup d'investisseurs opportunistes, se souvient Tristan Bosser, PDG d'Aurora Wind Power et représentant d'Engie, depuis la salle de contrôle climatisée de la ferme éolienne. *Mais, aujourd'hui, ce sont surtout des industriels reconnus pour leur capacité à mener ce type de projet. »* Une situation problématique, pour l'analyste Dirk De Vos : *« Les petits acteurs, en particulier les nouveaux entrants sud-africains, n'ont pas pu faire le poids face aux compagnies étrangères qui disposent d'une solide capacité financière. »*

À plus de dix heures de route au nord, l'assommante chaleur pourrait faire croire à un mirage. Est-ce une retenue d'eau ? Plutôt un raz-de-marée de panneaux solaires. Six cent mille plaques photovoltaïques bleu nuit, réparties dans deux parcs mitoyens près de Postmasburg : Lesedi (75 MW) et Jasper (96 MW), du nom d'une pierre semi-précieuse rougeâtre de la région. De quoi alimenter depuis plus d'un an 150000 foyers sud-africains.
Au volant de son 4×4, Jason Gerber, directeur de projet pour la compagnie américaine SolarReserve, évite de dépasser les 40 km/heure, *« sinon, la poussière se dépose sur les panneaux, et ça réduit leur capacité »*. Autres dangers relatifs : les serpents et les vols. Une double barrière et des caméras thermiques sont dissuasives. Sinon, aucun nuage à l'horizon et 35 °C au thermomètre. L'endroit est *« idéal,* clame le Sud-Africain, *nous sommes en altitude, il ne pleut que 200 millimètres par an, il n'y a pas d'humidité, pas de pollution, aucune perturbation qui puisse empêcher une concentration maximale des rayons solaires,* liste-t-il. *La province du Cap-Nord, c'est presque le Chili ! »*
Seul inconvénient : les deux fermes photovoltaïques ne fonctionnent qu'en journée, faute de capacité de stockage. Alors, SolarReserve, en partie financée par Google, a un autre projet. Juste à côté va débuter la construction d'un parc solaire à concentration (100 MW). Engie a démarré en mai 2016 les travaux pour bâtir une centrale similaire dans les environs, à Kathu. Avec cette technologie, les rayons du soleil sont concentrés, grâce à de multiples miroirs, sur un point où circule un liquide. La chaleur dégagée peut être transformée en électricité et, ainsi, stockée.

Dans un hangar du parc Jasper, des cartons comportant des inscriptions chinoises renferment des panneaux solaires de rechange. L'État sud-africain pousse les entreprises à acheter sur place, mais la filière locale des énergies renouvelables n'en est qu'à ses balbutiements, et les experts doutent de sa viabilité à long terme. Outre une participation minimale au capital des sociétés pour les Sud-Africains noirs, le gouvernement a imposé un pourcentage d'employés locaux. *« Je pourrais faire nettoyer plus vite les panneaux solaires par une machine, mais j'aurais beaucoup de difficultés à atteindre mon quota, car il y a peu de main-d'œuvre qualifiée dans le coin »*, glisse Jason Gerber, dans son bureau. À travers la fenêtre, on aperçoit des ouvriers en gilets fluorescents s'affairer pour 4 500 rands (300 euros) par mois.
Devant ses deux écrans d'ordinateur, Emily Masiane collecte des données sur le taux d'ensoleillement. Elle est l'une des rares employés originaires du coin à gagner un peu plus : *« Mes 7 000 rands (465 euros) me permettent de m'offrir des cours de gestion par correspondance,* raconte-t-elle. *Ensuite, j'irai à l'université de Pretoria pour obtenir un diplôme d'ingénierie électrique ; je veux prendre des responsabilités lorsque le site s'agrandira. »*

SolarReserve est obligé de dépenser chaque année 2,1 % de son chiffre d'affaires, soit 30 millions de rands (2 millions d'euros environ) en faveur du développement socio-économique local. *« C'est beaucoup d'argent qui doit être utilisé dans un rayon de seulement 50 km,* commente un autre opérateur étranger. *Les densités de population pour ces projets sont pourtant souvent faibles, il aurait fallu élargir le cercle à 100 km. »*

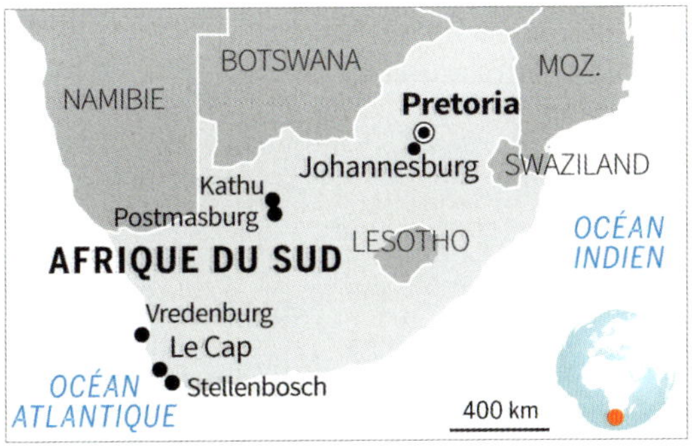

52

PAGES PRÉCÉDENTES : L'Afrique du Sud subit une forte sécheresse ces dernières années. Les associations environnemetales maintiennent la pression sur le gouvernement pour développer les énergies renouvelables.
CI-CONTRE : De l'autre côté de la route, en face des parcs solaires, les maisons sans électricité des familles victimes de l'évacuation forcée dans les années 1960 sous le régime d'apartheid.
CI-DESSOUS : À Groenwater, la compagnie SolarReserve a financé des lampadaires à alimentation solaire pour l'éclairage public.

« LE SEUL MOMENT OÙ NOUS NE SOMMES PAS DANS LE NOIR, C'EST QUAND IL Y A UN CLAIR DE LUNE. »

Dans un village voisin, la compagnie américaine a installé 75 panneaux solaires sur les toits de maisons dépourvues jusqu'alors d'électricité. Mais de l'autre côté de la route, en face des parcs solaires, Sinnah Bosman patiente encore. *« Le seul moment où nous ne sommes pas dans le noir, c'est quand il y a un clair de lune »*, lance la vieille dame en sortant de sa cabane bâtie avec des morceaux de tôle. Le chef du village montre une lettre qu'il a envoyée il y a un mois à SolarReserve. *« On ne peut pas tout faire tout de suite… »*, constate Jason Gerber.

Sinnah Bosman en veut surtout au fermier blanc d'à côté, qui a loué ses terres à la compagnie américaine. *« J'avais 25 ans en février 1964, quand les bulldozers du régime de l'apartheid ont forcé les 2 000 personnes de mon village à déguerpir des lieux sans rien,* raconte-t-elle dans une colère sourde. *Je suis de retour ici depuis 1999, mais nous réclamons toujours les terres de ce fermier. Elles nous appartiennent. »*
Dans son salon, où est accroché un trophée de tête d'oryx, et la télévision allumée, Allan Scholtz assure que son père a acheté la ferme deux ans avant l'évacuation forcée. *« Que le temps soit beau ou mauvais, je touche un loyer de 150 000 rands par mois (10 000 euros), c'est assez confortable ! »*, sourit cet Afrikaner, père de trois enfants et propriétaire de chevaux. *« J'en ai entre 100 et 150, je ne sais plus trop. »* Il en vend régulièrement à des Saoudiens.
Ses amis fermiers des environs font, eux, plutôt grise mine. L'Afrique du Sud vit actuellement la pire sécheresse depuis trois décennies. En cause, le phénomène climatique El Niño qui perturbe la saison des pluies, comme dans le reste de l'Afrique australe. Cinq provinces ont déclaré l'état de catastrophe naturelle. *« Ils ont perdu beaucoup de bêtes car il n'y a plus d'eau, d'herbe, de fourrage et d'argent pour en acheter*, déplore Allan Scholtz, vêtu d'une chemisette à carreaux et d'un short usé. *Depuis quelques années, je vois bien qu'il y a de moins en moins de pluies, qu'il fait plus chaud, que le rythme des saisons change. »*
Des effets en partie liés au changement climatique. Les associations environnementales maintiennent la pression sur le gouvernement pour qu'il ne relâche pas ses efforts de développement d'énergies renouvelables. Cela paie. Les autorités ont déjà équipé plusieurs centaines de milliers de logements sociaux en chauffe-eau solaires. *« L'inquiétude est davantage du côté financier, indique un observateur du secteur. Eskom a de graves difficultés de trésorerie, et peine à raccorder à son réseau toutes les nouvelles centrales solaires et éoliennes. »*
Même s'ils demeurent très minoritaires, de plus en plus de particuliers s'équipent en panneaux solaires. Objectif : ne plus subir les hausses de tarif d'Eskom et les coupures de courant.
Nosipho Nikalitshana n'en était pas encore là, il y a un an. Cette habitante du bidonville d'Enkanini, à Stellenbosch, près du Cap, n'avait jamais eu d'électricité jusqu'à la pose de panneaux solaires sur son toit. *« Au début, j'en ai pris un, je pouvais alimenter trois lampes et une télé, raconte cette femme de ménage, puis j'en ai ajouté deux autres pour avoir un frigo. Ça me coûte 280 rands* (18 euros) *par mois. »* Elle jette un œil sur le compteur électronique installé derrière la porte. *« Le soir, je dois souvent couper la télé car la batterie n'est pas assez puissante. »* Pour l'instant, ses deux enfants ne lâchent pas des yeux le dessin animé. *« Le seul problème, c'est que je ne peux pas cuisiner, je suis obligée d'acheter une bouteille de gaz pour le réchaud »*, déplore-t-elle en surveillant le porridge qui cuit dans un vieux fait-tout. À l'extérieur, un voisin a poussé au maximum le volume de sa chaîne hi-fi pour partager des cantiques religieux en cette matinée dominicale.
À l'initiative de ce projet nommé « iSchak », l'Institut de la durabilité de Stellenbosch a jusqu'à présent équipé en panneaux solaires 900 des 4 000 cabanes d'Enkanini qui s'entassent sur le flanc d'une colline. *« C'est aussi une bonne idée pour prévenir les accidents, regardez ce qui est arrivé chez moi,* dit Thabang Mzondi, 26 ans, en montrant son toit brûlé après la chute d'une bougie. *Malheureusement, je n'ai pas de travail, et le solaire, ça reste trop cher pour moi. »* En attendant, il s'éclaire toujours à la chandelle et va faire recharger son téléphone portable chez sa voisine.

Texte : **HAROLD THIBAULT**
Photos : **GILLES SABRIÉ**

EN CHINE
LE DÉFI DES ÉCOCITÉS FANTÔMES

PAGES D'OUVERTURE : Un paysage de l'écocité de Tianjin. Initialement prévue pour 100 000 habitants, seulement 30 000 personnes habiteraient dans la ville.
PAGES PRÉCEDENTES : Une femme marche sur la place du parc industriel de l'écocité de Tianjin. Des centaines de milliers de mètres carrés de bureaux ont été construits mais la plupart restent vides.
CI-CONTRE : Un homme pratique son tai chi matinal dans le parc industriel où peu d'entreprises se sont installées. La plupart des bureaux y restent vides.

EN 2020, LA CHINE COMPTERA 800 MILLIONS D'URBAINS. UN VÉRITABLE DÉFI HUMAIN ET CLIMATIQUE CAR LES VILLES CHINOISES ÉMETTENT DÉJÀ PRÈS DE 60 % DES ÉMISSIONS DE GAZ À EFFET DE SERRE DU PAYS. **MAIS LES PROJETS DE VILLES VERTES PLANIFIÉS PAR LES AUTORITÉS PEINENT À ATTIRER HABITANTS ET ENTREPRISES**.

À quelques encablures du très pollué golfe de Bohai, l'écocité de Tianjin apparaît comme un mirage, un quartier rêvé dans les bureaux d'officiels chinois au beau milieu d'une zone de développement industriel. Ses immeubles entourés d'arbres offrent un cadre verdoyant rare et aéré dans la jungle urbaine, à en oublier le gris de cette zone perdue une bonne partie de l'année dans le smog. L'éclairage public est rechargé par des panneaux solaires. En lisière du projet, des éoliennes doivent démontrer son caractère résolument durable.

Pour les responsables politiques de ce grand port industriel, l'écocité développée en partenariat avec le riche conglomérat de Singapour Keppel, acteur des chantiers navals et de l'immobilier, est une fierté, présentée comme le plus grand quartier « vert » de la planète. Pourtant, si cette immense zone au développement rapide a été évoquée dans les médias, c'est moins pour ses mérites écologiques que pour la série d'explosions qui s'y est produite le 12 août 2015, à une dizaine de kilomètres de là, coûtant la vie à 173 personnes, dont 104 pompiers.

Les terrains ont été récupérés sur des zones polluées par les chimistes de la région, la climatisation repose sur la géothermie, le design des principaux bâtiments doit permettre de réduire la consommation d'électricité le jour. S'ils trient leurs déchets, les habitants peuvent en échange cumuler des points et acheter de nouveaux produits au supermarché.
« Du planning à l'opérationnel, nous avons un système de gestion de la ville durable », n'hésite pas à avancer le directeur de la recherche de l'écocité, Peng Zhengyang. Vingt pour cent de l'énergie consommée par le quartier provient de sources renouvelables – c'est-à-dire l'objectif fixé à l'échelle nationale à l'horizon 2030.
Lorsque le projet fut présenté, en novembre 2007, par le Premier ministre d'alors, Wen Jiabao, l'ambition annoncée était d'accueillir dans ce seul quartier 200 000 résidents, presque la population de Rennes. Le hic, c'est que huit années plus tard, l'écocité n'a attiré qu'autour de 30 000 habitants. Ses gérants assurent toutefois que les nouveaux venus se font plus nombreux.

DANS CETTE CITÉ MODÈLE, LE PARC D'ACTIVITÉ ÉCONOMIQUE OÙ L'ON PROMETTAIT DE FAIRE VENIR DES STUDIOS D'ANIMATION **RESTE POUR L'INSTANT VIDE**.

Une nouvelle chance se présente avec le projet colossal appuyé par le secrétaire du Parti communiste chinois (PCC), Xi Jinping, en personne : un plan lancé en 2014 et visant à façonner une mégalopole baptisée Jing-Jin-Ji, car il connecterait la capitale (« jing » en chinois) à Tianjin et intégrerait également la province environnante du Hebei, représentée traditionnellement par le caractère « ji ». En théorie, cet espace rassemblerait ainsi une centaine de millions d'habitants. Or, le président Xi a confié à Zhang Gaoli, le vice-premier ministre qui compte également parmi les sept membres du tout puissant Comité permanent du Parti unique, la responsabilité de coordonner ce nouveau projet de planification urbaine. M. Zhang fut secrétaire du PCC de la ville de Tianjin, de l'automne 2007 jusqu'à son ascension à ces nouvelles fonctions. Comme le relève un cadre de l'écocité, *« c'est notre atout »*.

Dans cette cité modèle, le parc d'activité économique où l'on promettait de faire venir des studios d'animation reste pour l'instant vide. Quant aux coûts, ils se révèlent titanesques, entre 80 et 100 milliards de yuans déjà dépensés (11 à 14 milliards d'euros), pour une facture finale qui devrait grimper à 230 milliards de yuans (32 milliards d'euros), selon les gérants.

CI-CONTRE : Un arbre empoté sur un quai du district commercial et d'affaires de Yujiapu.
CI-DESSOUS :
- Les bus électriques desservent l'écocité.
- Dans l'écocité de Tianjin, un système de recyclage permet aux habitants d'accumuler des points avec lesquels ils pourront acheter des produits de consommation courante.

Les fonctionnaires locaux ont donc le sentiment d'avoir le vent dans le dos et ont tout intérêt à voir grand, car une part importante des revenus des collectivités qu'ils administrent provient de la cession de terrains aux promoteurs. La terre en Chine appartient à l'État depuis la collectivisation imposée par Mao Zedong au début des années 1950. Les municipalités et autres échelons locaux financent une bonne partie des spectaculaires infrastructures bâties par le pays ces trois dernières décennies en expulsant et relogeant à moindre coût les paysans qui occupent ces terrains, avant d'adjuger des baux de longue durée aux promoteurs immobiliers, permettant de financer le budget local sur la plus-value.

LA TERRE EN CHINE APPARTIENT À L'ÉTAT DEPUIS LA COLLECTIVISATION IMPOSÉE PAR MAO ZEDONG AU DÉBUT DES ANNÉES 1950.

S'ensuit une logique de la démesure sans lien avec les besoins immédiats. En 2014, trois professeurs d'urbanisme et de gestion des ressources foncières constataient, dans la revue *Nature*, qu'en une décennie, la surface urbaine construite avait avancé de 78,5 % en Chine, tandis que la population urbaine progressait *« seulement »* de 46 % sur la même période.
Des chiffres vertigineux sont évoqués. Selon le site d'information *The Paper*, citant une conférence organisée par le ministère du logement, chaque capitale provinciale dispose en moyenne de 4,6 « nouveaux districts », extensions artificielles de la ville où les barres d'immeubles poussent comme des champignons et qui s'étendent sur des dizaines de kilomètres carrés, voir des centaines dans les situations les plus ambitieuses. Un responsable de la commission de planification urbaine de la ville de Shenzhen (sud-est) a jugé à cette occasion la situation *« hors de contrôle »*.

À seulement 20 km au sud de l'écocité de Tianjin, les tours de Yujiapu sont l'incarnation à l'extrême de cette urbanisation pensée par le haut. Ce quartier d'affaires flambant neuf n'aurait d'équivalent en France que dans les immeubles de La Défense. Les immenses buildings se font face de part et d'autre de la rivière Hai, sur le bord de laquelle les concepteurs de la zone ont fait déposer une plage de sable pour humaniser un peu les lieux. Sur le pont qui relie les deux rives, l'une promise aux cadors de la finance, l'autre aux échanges commerciaux internationaux, un panneau lumineux affiche une longue liste de valeurs d'une Chine idéalisée : *« Prospérité, démocratie, civilisation, harmonie, liberté, égalité, justice, état de droit, patriotisme, respect, amitié. »*

CI-CONTRE : Des officiels visitent le chantier de construction du district commercial et d'affaires de Yujiapu.
CI-DESSOUS : Le pont levant, vide de circulation, qui relie les deux quartiers séparés par la rivière Hai du district de Yujiapu.

DANS CETTE FRÉNÉSIE, PERSONNE N'EUT LE TEMPS DE FAIRE REMARQUER QU'IL AURAIT FALLUT, POUR DEVENIR MANHATTAN, **ÊTRE AU MOINS UN CENTRE FINANCIER D'ENVERGURE**.

À une ou deux exceptions près, les gratte-ciel de Yujiapu restent totalement vides. Les bureaux sont inoccupés, et la plupart des chantiers à l'abandon. En 2007, lorsque furent lancés les appels à candidature aux architectes, Yujiapu était présenté comme la nouvelle Manhattan de l'Orient. C'est qu'à la tête de Tianjin de 2007 à 2012, le même Zhang Gaoli chargé aujourd'hui de la nouvelle mégapole Jing-Jin-Ji conçut pour la ville les ambitions les plus folles. Le PIB local progressa de 16,5 % par année en moyenne, plaçant régulièrement la ville-province au premier rang chinois. Cette folle énergie lui venait d'un cocktail survitaminé d'investissements en projets immobiliers ainsi que les infrastructures, routières et ferroviaires par exemple, qui allaient bondir de 34,9 % par an en moyenne sous son mandat.

Dans cette frénésie, personne, semble-t-il, n'eut le temps de faire remarquer qu'il aurait fallu, pour devenir Manhattan, être au moins un centre financier d'envergure. Or, si Tianjin est le port majeur du Nord-Est chinois, elle n'est pas la place boursière que sont Shanghaï ou Hong Kong. Qu'importe : en 2011, le *China Daily* consacrait à Yujiapu un article proclamant qu'il *« devrait devenir l'une des dix plus importantes zones financières au monde au cours des dix prochaines années »*.

PAGES PRÉCÉDENTES : Des parents font marcher leur enfant sur une petite bande de sable aménagée aux bords la rivière Hai face aux immeubles en construction du quartier de Yujiapu.
CI-DESSOUS : Paysage urbain entre Pékin et Tianjin aperçu depuis une fenêtre du TGV qui relie les deux villes.

CI-CONTRE :
- Une femme passe en tricycle motorisé dans les ruines du village de Hou Bei Ying. Le gouvernement chinois a décidé la création d'une mégalopole de 130 millions d'habitants, Jing-Jin-Ji, regroupant Pékin, la cité portuaire voisine de Tianjin, et une part de la province du Hebei.
- Démolition du village de Hou Bei Ying pour répondre au plan Jing-Jin-Ji. Le déplacement de l'administration de la capitale, d'usines et d'hôpitaux en fait partie.

« **PARTAGER ENSEMBLE LA LUMIÈRE DE LA DÉMOLITION ET DE LA RÉFORME,** CONSTRUIRE ENSEMBLE UNE MAISON RADIEUSE. »

Au pied des 219 mètres de la tour Zovie, l'agent immobilier Zhou Hua est à l'affût de clients qui ne viennent pas. À l'écouter, seule une grosse dizaine d'entreprises s'est installée dans ce gratte-ciel, et le groupe attend désormais de voir ce qu'il adviendra du quartier pour aménager au-delà du sixième étage. « *Sur les 45 projets portés par 35 promoteurs, la plupart sont à l'arrêt* », reconnaît Zhou Hua. De l'autre côté de la rue, la construction des « tours jumelles » n'a jamais été achevée.
Peut-être le quartier fantôme de Yujiapu aura-t-il une deuxième chance. Des trains relient déjà le Sud de Pékin à ce district en moins d'une heure. Une gare flambant neuve n'attend plus que les passagers. Un géant de l'Internet chinois, Tencent, semble prêt à faire le pari d'ouvrir un bureau dans une des tours.

L'heure est désormais au développement de la région Jing-Jin-Ji, comme l'a décrété le gouvernement central. Dans le village de Houbeiying, à une heure de route à l'est de Pékin, déjà la frénésie de ce nouveau projet de planification urbaine se fait sentir à coups de pelleteuses. Les maisons ont été rattrapées par les plans des fonctionnaires visant à désengorger la capitale. La mairie de Pékin sera amenée au cours des années à venir à quitter le centre de la ville aux 21 millions d'habitants pour s'installer ici.
Sur la rue principale du bourg de 192 familles, des banderoles de propagande visiblement conçues par des bureaucrates inspirés incitaient la population à accepter sans rechigner le relogement : « *Partager ensemble la lumière de la démolition et de la réforme, construire ensemble une maison radieuse.* » Un habitant, Du Huifeng, préférait penser aux retombées positives pour l'ensemble de Tongzhou, la cité satellite de la capitale à laquelle est rattaché le village : « *Si le gouvernement a à manger, il y en aura pour nous aussi.* »

Sur la rue, des membres du comité de quartier distribuaient des tracts, avertissant les couples ingénieux qui entendraient se voir attribuer deux logements en déclarant une séparation toute feinte. « *Certains ont simulé des divorces dans le but d'obtenir davantage d'espace, ils s'exposent à des condamnations* », prévenaient les imprimés.
Bientôt retraité, Pei Zhexian compte parmi les spectateurs de ce changement accéléré. Il se souvient que le plus haut immeuble du coin ne dépassait pas trois étages dans les années 1980. « *Dans cinq ans, tout aura encore changé*, prédit M. Pei, employé du bâtiment. *L'État veut procéder à l'intégration de la région et, en Chine, les plans sont conçus par le sommet pour la base* », résume l'homme.
Déjà, le village n'est plus qu'un champ de gravats.

Texte : MARTINE VALO
Photos : FRANÇOIS DELADERRIÈRE

LA CAMARGUE
FRAGILE DENTELLE

SUR 150 000 HECTARES D'ANCIENS MARÉCAGES TRANSFORMÉS PAR L'HOMME, LA MER GAGNE CHAQUE JOUR DU TERRAIN.
EN MOYENNE, LA CÔTE RECULE DE 4 MÈTRES PAR AN DEPUIS UN DEMI-SIÈCLE. CETTE RÉSERVE DE BIOSPHÈRE SE MÉTAMORPHOSE SOUS L'EFFET DU RÉCHAUFFEMENT CLIMATIQUE.

Il s'appelait Régisseur. C'était un taureau costaud. Il était l'idole des arènes camarguaises, une star des courses à la cocarde couronnée du titre convoité de Biou d'or. Une bête agressive à souhait, morte de sa belle mort en 1965, comme l'indique sa tombe dressée devant le mas de la manade Raynaud. « *Ses cornes sont accrochées au-dessus de l'entrée*, précise fièrement Frédéric, le fils de cette dynastie d'éleveurs. *Chez nous, ce n'est pas la corrida : nos taureaux, quand ils sont blessés, on les soigne, et quand ils ont eu une grande carrière, ils ont droit à une retraite tranquille.* »

Avec sa chemise au motif provençal un peu passé au soleil, le manadier incarne à merveille l'une de ces figures centrales de la Camargue éternelle chère à Frédéric Mistral. C'est en selle qu'il s'occupe de ses champions : une quinzaine de chevaux et 250 taureaux et vaches qui paissent librement au milieu des lapins et des perdreaux, au bord de la Méditerranée, entre Gard et Bouches-du-Rhône. Mais pour combien de temps ? Ces terres louées à la municipalité des Saintes-Maries-de-la-Mer depuis une cinquantaine d'années, ont beau s'étendre sur un millier d'hectares, elles ne

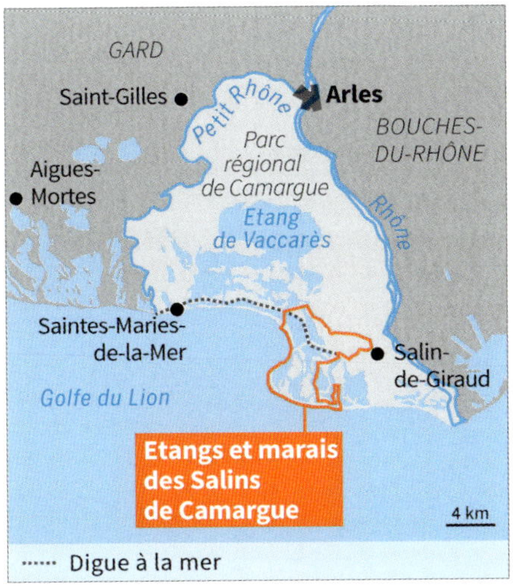

PAGES D'OUVERTURE : Les restes des vannes et des cordons séparant zones humides et étangs destinés à concentrer de l'eau de plus en plus salée témoignent du passé industriel du site. Après cette parenthèse d'une cinquantaine d'années d'exploitation soutenue, la mer est en train d'y reprendre ses droits.
PAGES PRÉCÉDENTES : Sans digues renforcées en permanence, ni pompes, le site a entamé sa mue. Au moins 1 000 hectares vont être submergés par la mer, tandis que les parties un peu plus élevées sont colonisées par la végétation, notamment des tapis de soude brûlée lie-de-vin.
CI-CONTRE : Les aigrettes, les cigognes, les hérons et bien sûr les flamants roses se portent bien dans les anciens marais. Ils se régalent de nouvelles espèces qui prolifèrent avec le réchauffement climatique, comme l'écrevisse de Louisiane.

suffisent plus à nourrir le troupeau à qui il faudra bientôt fournir du foin toute l'année. Car le sel marin, qui brûle l'herbe et fait mourir les pins, avance rapidement. La famille commence à contre-cœur à chercher d'autres pâtures.
La végétation qui s'appauvrit n'est pas le seul souci du littoral de Camargue. D'Aigues-Mortes à Port-Saint-Louis-du-Rhône, l'érosion est spectaculaire par endroits. En moyenne, la côte recule de 4 mètres par an depuis un demi-siècle. Le front de mer qui borde la manade Raynaud, juste à l'ouest du Petit-Rhône, ne laisse aucun doute sur la métamorphose en train de s'opérer, quasiment à vue d'œil quand souffle le vent du sud. Les flots viennent cogner directement contre la digue rocheuse, s'infiltrent pour former de larges flaques à l'arrière et creusent par en dessous, sapant sa base.

Il ne reste aucune trace de la plage de 200 mètres qui amortissait les vagues au moment où l'ouvrage a été bâti, il y a vingt-cinq ans. Des dizaines d'épis brise-lames perpendiculaires affleurent à peine à la surface de l'eau, certains ont disparu. *« Ils ont été construits en 1983 parce qu'on avait eu un raz-de-marée l'année précédente, la mer était montée de 6 km dans les terres et trente bêtes avaient été noyées »*, témoigne le manadier. Il fronce les sourcils en regardant vers le large : *« Là, il y avait des blockhaus qui dataient de la guerre, eux aussi ont été engloutis. »*
Au sud d'Arles, le Rhône a forgé l'identité de la Camargue, une terre de 150 000 hectares environ. Son cœur est occupé par un delta où le puissant fleuve a longtemps divagué, avant de se partager en deux cours d'eau que les hommes ont progressivement endigués. Pour rendre moins inhospitaliers ces anciens marécages infestés de moustiques – il en reste quarante espèces –, il a encore fallu se protéger des intrusions de la Méditerranée. Voilà qui fut fait lorsque en 1859 Napoléon III décida d'édifier sa fameuse « digue à la mer » à la suite de terribles inondations.

Ainsi les Camarguais ont pu se sentir à l'abri pendant un siècle et demi. À grand renfort de pompes, de canaux de drainage et d'assainissement, ils ont pu développer un peu de culture et beaucoup d'élevage. Leur région, qui arbore des airs de Grand Sud sauvage, avec ses chevaux blancs et ses flamands roses, est classée « réserve de la biosphère » par l'Unesco. Elle émerge d'un laborieux compromis entre zones humides et terre ferme, grandes propriétés terriennes en amont et exploitation du sel en aval, eau douce et flots marins. Mais le réchauffement climatique vient rappeler à quel point cet équilibre reste précaire.
Comment affronter les changements qui se dessinent ? Frontalement ou en s'efforçant de s'y adapter ? Sur la côte, des dizaines et des dizaines d'amoncellements rocheux – face à la mer, en brise-lames perpendiculaires, en forme de T… – hérissent désormais le littoral, mais paraissent bien vulnérables lorsque les tempêtes se succèdent à un rythme étonnant comme à l'hiver 2014-2015 et bien dérisoires face à la montée des océans sur toute la planète.

CI-CONTRE :
- Frédéric Raynaud est manadier, il élève en quasi-liberté des taureaux pour les courses camarguaises. Mais le sel grille l'herbe des pâtures en même temps que la mer avance sur ses terres.
- Jérôme Maelis est l'unique pêcheur autorisé en ces lieux. Lui qui affiche des convictions écolo, a vu la biodiversité se modifier en vingt ans d'activité : il prend désormais davantage de coquillages et moins de petits poissons.

« LES ATTAQUES DES TEMPÊTES VONT ÊTRE PLUS HAUTES, ELLES VONT DÉTRUIRE LES DUNES RESTANTES ET ENTRAÎNER DAVANTAGE DE SUBMERSIONS. »

Le parc naturel régional aux paysages plats épouse les contours de ce triangle bordé par les deux bras du Rhône qui occupe les deux tiers de la Camargue. Le parc s'étend sur 101 000 hectares, dont une bonne part d'étangs et de zones humides. À 70 %, ses terrains culminent à moins d'un mètre d'altitude, un quart est en dessous du niveau de la mer. Depuis l'après-guerre, dans un complexe pas-de-deux entre terres gagnées sur la Méditerranée ou au contraire perdues sous ses assauts, 327 hectares du parc ont disparu, absorbés par la mer.

« Le niveau des océans devrait monter de 40 à 80 centimètres d'ici la fin du siècle, mais cette élévation lente n'est pas ce qui menace le plus la Camargue. Il ne faut pas s'imaginer que la Méditerranée va s'insinuer jusqu'à Arles, à 40 km dans les terres, assure Mireille Provansal, qui a consacré quinze ans de son travail au delta, au sein du Centre européen de recherche et d'enseignement de géosciences de l'environnement. *Les attaques des tempêtes, en revanche, vont être plus hautes, elles vont détruire les dunes restantes et entraîner davantage de submersions. »* D'autant que la terre, elle, recule. Vite. La faute en revient essentiellement au changement de comportement du Rhône. Celui-ci charriait environ 25 millions de tonnes de sédiments par an jusqu'à son embouchure il y a un siècle, contre 5 ou 6 millions de tonnes aujourd'hui. Tout a changé sur son trajet : l'agriculture de montagne a été abandonnée et les Alpes se sont reboisées, le puissant fleuve et son affluent la Durance sont entièrement endigués et freinés par des barrages. Résultat : sans cet « engraissement » des côtes, la mer emporte les plages au large ou bien les déplace vers les rares pointes qui au contraire progressent.

La Méditerranée prend le sable de la Camargue, mais lui apporte de plus en plus de sel : par en dessous, dans la nappe d'eau souterraine au risque de la déstabiliser, et par au-dessus en remontant dans le fleuve. Or la région a de grands besoins. Elle prélève 300 à 400 millions de mètres cubes chaque année dans les bras du Rhône pour produire du riz, garder ses marais de chasse immergés, lutter contre la salinisation des sols. Pire peut-être, le réchauffement qui aggrave les pluies diluviennes de l'automne contribue à remplir les vastes étangs. Or, une grande partie de l'année, ceux-ci ne peuvent plus s'écouler par gravitation dans la mer tant son niveau est élevé.

CI-DESSUS : Les profondeurs d'eau sont mesurées en permanence avec des limnigraphes (ou talimèdes).
CI-CONTRE : La plage large de plus de 200 mètres qui s'étendait devant cette digue il y a une trentaine d'années a disparu, emportée par la Méditerranée.

Texte : **PIERRE LE HIR**
Photos : **BRUNO AMSELLEM / DIVERGENCE**

DANS LES ALPES
LE CRÉPUSCULE
DES GÉANTS BLANCS

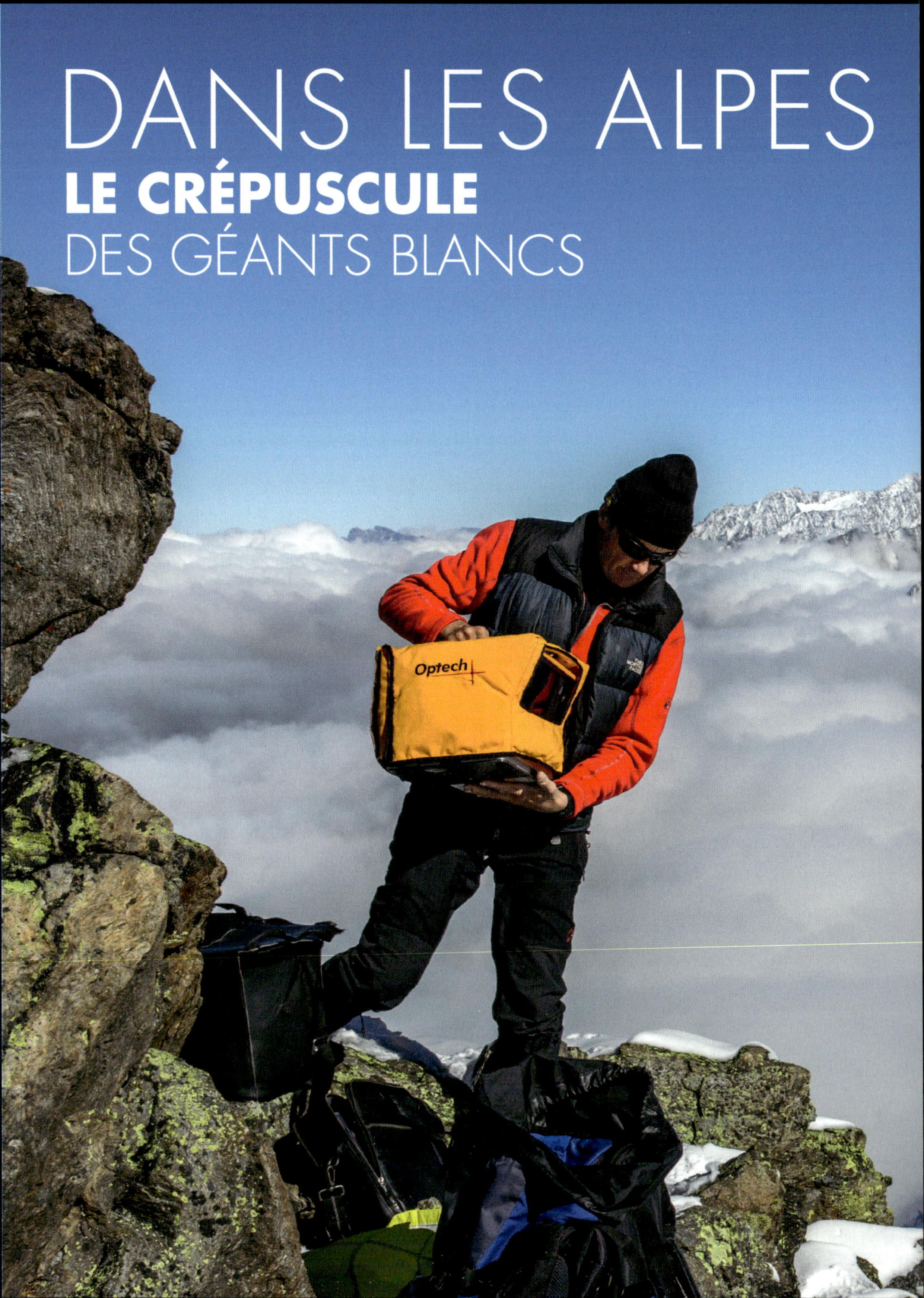

LA FONTE ACCÉLÉRÉE DES GLACIERS MENACE LES VALLÉES DE CHUTES DE SÉRACS, D'ÉCROULEMENTS ROCHEUX ET DE CRUES TORRENTIELLES.
ELLE BOULEVERSE AUSSI L'ÉQUILIBRE FRAGILE DU MILIEU MONTAGNARD.

Une chape de brume recouvre la vallée de Chamonix, ce matin d'octobre au lever du jour. Ciel plombé, plafond bas. Sur l'héliport d'Argentière, le pilote lève les yeux, jauge la visibilité. Impossible de décoller. L'heure tourne, la journée va être perdue. Une trouée dégage enfin l'horizon. « *Ça se lève, c'est bon !* » Lesté de dizaines de kilos de matériel scientifique, l'hélicoptère s'arrache de la couche nuageuse. Ciel limpide, grand bleu, grand blanc. En quelques tours de rotor, l'appareil gagne la jonction des glaciers des Bossons et de Taconnaz, à 2 589 mètres d'altitude, où il se pose sur un promontoire rocheux. Le panorama est grandiose, déployant, sur 360 °, arêtes minérales et champs de glace. Face à nous, l'aiguille du Midi, le dôme et l'aiguille du Goûter, avec, en arrière-plan, la coiffe du mont Blanc que le soleil embrase maintenant. De l'autre côté de la vallée, la chaîne des Aravis et les aiguilles Rouges semblent flotter sur la mer de nuages. Un glacis de neige fraîche s'est déposé durant la nuit. Pas un bruit, pas un souffle. Calme trompeur.
Un grondement sourd roule soudain sur les Bossons, soulevant un tourbillon de poudre blanche. Un sérac s'est détaché sous le refuge des Grands Mulets. Un bloc de glace de quelques dizaines de mètres cubes, trois fois rien en comparaison des packs de plusieurs centaines de milliers de mètres cubes qui dévalent parfois le versant. C'est ce phénomène et son amplification attendue sous l'effet du réchauffement climatique que sont venus étudier Christian Vincent et Olivier Sanchez, chercheurs au laboratoire de glaciologie et géophysique de l'environnement de Grenoble (CNRS-université Joseph-Fourier).
Le poste d'observation est idéal. À 2 km en amont se découpe, comme une balafre, un mur de glace haut de 100 mètres et large de 600 mètres à 700 mètres : la zone de chute de séracs de Taconnaz, formée par une brusque cassure de pente. « *En hiver, avec des accumulations de neige importantes et un manteau instable, le vêlage, ou rupture de séracs, peut déclencher d'énormes avalanches qui parcourent toute la langue terminale du glacier, proche des zones habitées de la vallée* », rapporte Christian Vincent. Par le passé, des coulées ont rasé des chalets entiers dans le hameau de Vers-le-Nant et, malgré les paravalanches, ont balayé une piste de ski, heureusement sans faire de victimes.
Toutes les trois semaines, les chercheurs font ici les mêmes mesures. Les gestes sont rodés.

PAGES D'OUVERTURE : Un lidar (télédétection par laser) à longue portée permet de scanner la barre de séracs du glacier de Taconnaz (3 400 mètres) et de suivre son évolution. L'instrument a coûté 180 000 euros.
CI-DESSUS : Au premier plan, le glacier des Bossons, encadré à gauche par l'aiguille du Midi (3 842 mètres), à droite par le dôme du Goûter (4 304 mètres) et l'aiguille du Goûter (3 863 mètres).

DE SEPTEMBRE 2014 À SEPTEMBRE 2015, LA MER DE GLACE **A PERDU 3,5 MÈTRES D'ÉPAISSEUR**.

Sur une dalle de granit, Olivier Sanchez pose un gros boîtier orangé : un lidar à longue portée qui envoie un faisceau laser, à raison de 10 000 impulsions à la seconde, vers la zone de fracture. *« Nous obtenons ainsi un modèle numérique de terrain,* explique-t-il. *En comparant les données au fil du temps, nous pouvons déterminer l'avancée ou le recul de la barre de séracs, le volume des chutes et leur fréquence. »*
La série de relevés est encore trop courte pour en tirer des prévisions certaines. Mais, avertit Christian Vincent, *« la base du Taconnaz, qui est aujourd'hui à une température de - 2,5 °C, pourrait devenir tempérée – à 0 °C – dans les prochaines décennies ».* Le glacier suspendu, qui adhère pour l'instant à son lit rocheux, glisserait alors sur son socle comme sur un toboggan. *« Ce qui nous inquiète, c'est de savoir s'il décrochera morceau par morceau, ou brutalement, d'un seul coup. Les volumes de glace en jeu sont gigantesques – des millions de mètres cubes –, ce qui pourrait générer une catastrophe. »*

Le laser est à présent en place. La science est parfois artisanale : il faut chauffer les batteries avec une bouillotte pour mettre l'instrument en route, puis dégager à la pelle les repères peints sur des rochers – des cercles blancs sur fond noir –, afin de l'orienter correctement. Elle est aussi affaire de patience : la « manip' » prendra quatre heures entières. L'après-midi est déjà bien avancé, il est temps de plier bagage. En bas, la brume ne s'est pas dissipée. Le pilote hésite à s'y aventurer. Il va falloir redescendre à pied avant la nuit, en portant à dos d'homme les équipements – le lidar a coûté 180 000 euros. Une éclaircie, un minuscule point sombre se rapproche au-dessus des nuages, l'hélicoptère est passé. Le retour se fera en lacets serrés, comme à la godille, en survolant les moraines, ces pierres charriées par les langues glaciaires et laissées à découvert par leur retrait.
« Les glaciers, dit Christian Vincent, *sont les sentinelles du climat. »* Et les nouvelles du front ne sont pas bonnes. Elles sont même calamiteuses. De septembre 2014 à septembre 2015, le bilan de masse des glaciers alpins, soit la différence entre ce qu'ils ont gagné par accumulation grâce aux chutes de neige hivernales et ce qu'ils ont perdu par ablation du fait de la fonte estivale, affiche *« un déficit record sur les cinquante dernières années ».* L'emblématique mer de Glace, le plus grand glacier du massif du Mont-Blanc, a perdu 3,5 mètres d'épaisseur.
La faute à *« un hiver assez peu enneigé »,* note Météo France, mais surtout à un été *« aussi chaud qu'en 2003 ».* L'isotherme zéro degré, ligne de démarcation entre les températures positives et négatives, a même flirté avec le sommet du mont Blanc (4 808 mètres au dernier pointage effectué, en septembre, par une expédition de géomètres experts).

CI-DESSUS : Les conifères, mélèzes et épicéas, recolonisent les zones de moraines laissées à découvert par le retrait des glaces. Ici au pied du glacier du Tour…
CI-CONTRE : … et ici sur les pentes dénudées par le retrait du glacier d'Argentière.

« **LA GLACE DU PERMAFROST EST LE CIMENT DES MONTAGNES** ET, LORSQU'ELLE FOND, LES VERSANTS SE DÉSAGRÈGENT. »

Spectaculaire cette année, ce reflux s'inscrit dans un recul amorcé depuis 1850, à la fin du petit âge de glace. Les domaines englacés des Alpes y ont laissé près de la moitié de leur superficie. La mer de Glace, qui venait lécher le fond de la vallée jusqu'au hameau des Bois a régressé de 2,3 km. Les gravures de l'époque la représentaient sous les traits d'un dragon dévorateur. Aujourd'hui, pour approcher l'icône pâlissante, les touristes empruntant le train à crémaillère du Montenvers doivent descendre un escalier métallique, auquel il faut, année après année, ajouter des paliers.

Depuis trente ans, le repli se fait à marche forcée. Sur ce très court laps de temps, la mer de Glace est remontée de 650 mètres, le glacier d'Argentière de 700 mètres, celui des Bossons de 1 000 mètres. Sur la seule décennie écoulée, les glaciers alpins ont fondu quatre fois plus vite que la moyenne de leurs homologues du globe.
En est-ce alors fini, dans les Alpes, des neiges éternelles ? À l'horizon de la fin du siècle, la colonne de mercure, qui a déjà grimpé ici de 1,5 °C au cours du siècle passé (deux fois plus que le réchauffement global de la planète), devrait monter de 4 °C à 5 °C. Et le nombre de journées caniculaires devrait quintupler. À ce régime, les glaces du mont Blanc pourraient encore diminuer de 50 % à 90 %. « *Avec une hausse des températures de 3 °C, tous les glaciers en dessous de 3 500 mètres disparaîtront, surtout en face sud* », pronostique Christian Vincent. Ne demeureront, veilleurs solitaires et efflanqués, que les plus haut perchés.

Pour les vallées alpines, cette débâcle est annonciatrice de périls en cascade. Non seulement de ruptures de séracs, mais aussi d'effondrements de roches. Un danger qu'appréhendent les alpinistes qui, sur la voie classique de l'ascension du toit de l'Europe, doivent franchir, entre le refuge de Tête-Rousse et celui du Goûter, un « *couloir de la mort* ». Chaque été, des grimpeurs y sont emportés par des chutes de pierres : de 1990 à 2011, 74 y ont perdu la vie.
« *Avec le réchauffement, on observe une augmentation de la fréquence et du volume des écroulements rocheux* », rapporte Ludovic Ravanel, chargé de recherche au laboratoire environnements, dynamiques et territoires de la montagne (université de Savoie-CNRS). En cause, la dégradation du permafrost, c'est-à-dire des terrains habituellement gelés en permanence : parois abruptes, éboulis, moraines ou encore glaciers rocheux, ces coulées de cailloux et de graviers congelés. « *La glace du permafrost est le ciment des montagnes et, lorsqu'elle fond, les versants se désagrègent* », explique le chercheur. Depuis le début de l'été, il a recensé, dans le massif du Mont-Blanc, « *plus de 160 écroulements supérieurs à 100 mètres cubes, contre quelques dizaines en moyenne les années précédentes* ».

Autre menace, la brusque vidange de lacs nés du retrait des glaciers que retiennent des digues de moraines instables. Ou encore celle des eaux accumulées à l'intérieur même des glaces.
En 2010, la découverte, dans le ventre du glacier de Tête-Rousse, d'une poche de 65 000 mètres cubes d'eau, a réveillé le spectre de la tragédie qui, en 1892, avait fait 175 dans la vallée de Saint-Gervais, dévastée par l'épanchement d'une immense cavité du même glacier. Il a fallu purger d'urgence, pomper encore en 2011, pomper toujours en 2012. Depuis, Tête-Rousse, où de nouvelles poches, plus petites, se sont reconstituées, reste sous surveillance.

CI-CONTRE : La zone de chute de séracs du Taconnaz, formée par une rupture brutale de pente, à mi-chemin entre le dôme du Goûter, où le glacier prend sa source, et l'extrémité de sa langue (1 700 mètres), au-dessus du hameau du Nant.

« À LA FIN DU SIÈCLE, L'HABITAT DES PLANTES DE HAUTE MONTAGNE **SERA RÉDUIT DE MOITIÉ**. »

Ce n'est pas tout. Les eaux de fonte des glaciers, quand elles se cumulent à de violents orages, gonflent les torrents qui alimentent l'impétueuse rivière de l'Arve arrosant la vallée. Des crues torrentielles en résultent. Comme celle qui, en juillet 1996, a fait sortir le cours d'eau de son lit, submergeant plusieurs quartiers de Chamonix-Mont-Blanc. Ces débordements vont-ils se multiplier ? C'est la crainte du maire (UDI) de la commune, Éric Fournier. « *Les glaciers sont le thermomètre de la planète, et il est en train de se détraquer*, soupire ce Chamoniard de naissance, fils d'un cristallier guide de haute montagne et lui-même montagnard chevronné. *Ici, le choc émotionnel est terrible. Le changement climatique, nous le vivons au quotidien.* » Alors qu'une nuit pluvieuse tombe sur Chamonix, dans son bureau de l'ancien Hôtel Impérial, aujourd'hui l'hôtel de ville, il s'interroge : « *Nos modèles hydrologiques sont-ils encore adaptés ? Faut-il construire des digues de protection, aménager de nouvelles zones de divagation naturelle de la rivière ?* »
L'économie locale, tout entière tournée vers le tourisme, avec 4,7 millions de nuitées par an pour 14 000 résidents, résistera mieux que d'autres aux aléas du climat, grâce à son domaine skiable de haute altitude et à ses prestigieuses voies d'alpinisme. Pour autant, dit l'élu, « *l'adaptation au changement climatique est le principal enjeu de mon mandat* ». Il « *rêve d'une station postcarbone exemplaire* » avec transports collectifs gratuits, bus électriques ou hybrides, rénovation thermique de l'habitat, promotion de l'énergie solaire, du bois et de la géothermie, tourisme « écoresponsable »...

Irriguée par des torrents tumultueux, la vallée n'a pas à redouter un tarissement de ses ressources en eau. Mais le recul de la mer de Glace a mis à mal la centrale hydroélectrique souterraine des Bois qui, depuis les années 1970, turbine les eaux de fonte de la neige recouvrant le glacier, pour produire l'équivalent de la consommation de courant d'une ville de 50 000 habitants de la taille d'Annecy. En 2009, le captage aménagé sous la langue glaciaire s'est retrouvé à l'air libre, obstrué par des chutes de moraines. EDF a investi 25 millions d'euros pour le déplacer de près d'un kilomètre en amont. « *D'après les études scientifiques, nous devrions être tranquilles pour une vingtaine d'années* », avance Cyrille Périer, directeur du groupement d'exploitation hydraulique Savoie-Mont-Blanc. Au-delà de ce cas particulier, EDF se préoccupe de l'impact du réchauffement sur ses quelque 500 usines hydroélectriques, approvisionnées par les eaux pluviales mais aussi, dans les Alpes comme dans les Pyrénées, par la fonte des neiges et des glaces. « *Nous avons lancé un programme de recherche sur ce sujet majeur*, indique Claude Nahon, directrice du développement durable. *Il est trop tôt pour savoir si le reflux des glaciers aura une incidence sur le volume global d'eau disponible. Mais, avec des fontes plus précoces au printemps et des débits plus faibles en été, nous devrons peut-être gérer différemment les stocks. Et arbitrer entre les usages de nos barrages : électricité, agriculture, eau potable et loisirs.* »

La nature, elle, va connaître un bouleversement. « *Nous avons ici une très grande variété d'espèces animales et végétales façonnées par les climats extrêmes*, décrit Anne Delestrade, écologue et directrice du centre de recherche sur les écosystèmes d'altitude, à l'origine d'un atlas scientifique en ligne du Mont-Blanc. *Elles sont particulièrement vulnérables. Nos modèles montrent qu'à la fin du siècle, l'habitat des plantes de haute montagne sera réduit de moitié. Et l'épicéa ne sera plus l'arbre dominant dans le paysage subalpin, remplacé peut-être par le pin sylvestre ou le hêtre.* »
Poussée par la hausse des températures, la flore doit gagner des étages plus élevés pour retrouver l'environnement auquel elle est acclimatée, et son espace vital rétrécit. « *Une course effrénée vers les sommets est engagée. Certaines espèces seront capables de coloniser de nouveaux territoires, d'autres n'y parviendront pas. Les plantes qui vivent déjà dans les limites supérieures, comme*

CI-DESSOUS : Les massifs alpins sont riches d'une flore façonnée par les climats extrêmes.

la renoncule des glaciers, sont les plus en danger. Au final, il y aura une perte de biodiversité. »
Il suffit de musarder sur les sentiers pour voir des houppiers mordorés, précédés de bruyères et de rhododendrons, gravir la rocaille laissée à nu par la déprise glaciaire. On pourrait imaginer que la faune va tirer profit de cette végétation grimpante, en même temps que de températures plus clémentes. Il n'en est rien. *« Pour le chamois ou le bouquetin,* explique l'écologue, *l'herbe la plus calorique est celle qui pousse juste après la fonte des neiges. Ces animaux pouvaient jusqu'à présent en brouter toute la saison, en montant de plus en plus haut. Une fonte estivale trop rapide appauvrit leur alimentation. »*
La marmotte n'est pas mieux lotie. Protégée du froid durant son hibernation par le manteau neigeux, elle épuise plus vite ses réserves de graisse quand il s'effiloche, ce qui entraîne davantage de mortalité chez les jeunes. Parmi les oiseaux, le lagopède alpin et le tétras-lyre, habitués à creuser des abris dans la neige, deviennent des proies plus faciles. La grenouille rousse et le triton alpestre, eux, pâtissent de l'assèchement des mares où ils se reproduisent.

COMME LES HOMMES, **BÊTES ET PLANTES DEVRONT, DE GRÉ OU DE FORCE, S'ADAPTER.**

Comme les hommes, bêtes et plantes devront, de gré ou de force, s'adapter. Pour les glaciers alpins, il est déjà trop tard. Leur déclin est irréversible. *« Ils sont en déséquilibre et, même si les conditions climatiques restaient stables dans le futur, ils continueront à reculer »*, annonce Christian Vincent. L'heure est venue du crépuscule des géants blancs.

CI-DESSUS : Le glacier d'Argentière en 1890.
CI-CONTRE : Le glacier d'Argentière en 2015.
À partir d'une collecte participative d'images, les chercheurs étudient la colonisation de la végétation dans les zones de retrait glaciaire.
PAGES SUIVANTES : La mer de Glace, icône du massif du Mont-Blanc, s'est rétractée de 2,3 km depuis le milieu du XIXe siècle. Son front devrait encore reculer de 700 à 1 000 mètres dans les deux prochaines décennies.

MADAGASCAR

TERMINUS DES CYCLONES

Texte : **SÉBASTIEN HERVIEU**
Photos : **RIJASOLO / RIVA PRESS**

La chaleur et les années pèsent sur son frêle corps à la peau plissée. Accroupi, presque prostré, entre quelques épis de maïs mal en point de son carré de terre, Rebokane Mahatsanga ne sait plus trop quel âge il a. *« Je crois que je vais bientôt avoir 100 ans »*, glisse-t-il, les yeux mi-clos. Ici, les anniversaires ne se fêtent pas vraiment, *« plutôt un truc de l'ex-colonisateur français »*, nous dit-on. Alors à quoi bon compter si méticuleusement ? À une poignée de kilomètres au sud de Toleara (Tuléar), dans le village de Bekoake dépourvu d'eau courante et d'électricité, ce petit paysan ne retrouvera pas non plus l'année, 2013, ni le nom du cyclone tropical Haruna. Mais sa mémoire a retenu l'essentiel : ce matin-là, il n'avait *« jamais vu ça »*. *« La vague d'eau est arrivée et a détruit toutes les cultures et les maisons*, explique dans un dialecte local le vieil homme. *J'ai dû me réfugier en haut d'un talus, et attendre jusqu'au soir que le niveau redescende. »*

En ce mois de février 2013, le passage d'Haruna tue vingt-six personnes dans la région. Plusieurs dizaines de milliers d'habitants perdent leur toit, souvent de simples cases à la structure en bois et aux murs en paille ou boue séchée. Des puits, seuls accès à l'eau potable dans certains villages, sont contaminés, provoquant des épidémies dans la population.

Un tiers de la sixième ville de Madagascar (250 000 habitants), située à l'extrémité sud-ouest de la fameuse route nationale 7, à 900 km de la capitale, se retrouve sous les eaux. En cause, la digue protégeant du fleuve Fiherenana qui a cédé à quelques dizaines de mètres de la parcelle de Rebokane Mahatsanga. Le cultivateur sait ce qu'il s'est passé : *« Il y a un dragon qui s'est allongé dessus, et elle a craqué. »* À l'écoute autour de l'aîné, certains villageois acquiescent, d'autres, plus jeunes, sourient.

PAGES D'OUVERTURE : Selon les habitants du village, le vent du sud qui déplace ces dunes souffle avec la même intensité sans s'arrêter alors que ce n'était pas le cas il y a quelques dizaines d'années. Pour éviter l'ensablement, les villageois déplacent leur maison.
PAGES PRÉCÉDENTES : À l'époque, les puits, seule source d'eau potable du village ont été contaminés.
CI-CONTRE : Les périodes de sécheresse dans le Sud de Madagascar – période que les Malgaches appellent « Kere » – sont chaque année de plus en plus longues.

INTENSIFICATION DES TEMPÊTES, ALLONGEMENT DE LA DURÉE DE LA SÉCHERESSE, DISPARITION DE LA MANGROVE, DÉGRADATION DU RÉCIF ET DES SOLS… **LA GRANDE ÎLE EST UN CONCENTRÉ DES DÉRÈGLEMENTS CLIMATIQUES. UNE INJUSTICE DE PLUS POUR CE PAYS PARMI LES PLUS PAUVRES DE LA PLANÈTE**.

Posée entre le canal du Mozambique et le large de l'océan Indien, la Grande Île est le terminus des cyclones et tempêtes tropicales qui naissent sur la façade ouest de l'Australie. Dix-sept des vingt-deux régions du pays sont classées à haut risque cyclonique. Avec le réchauffement climatique, ces perturbations venteuses ne sont pas plus fréquentes selon les météorologistes – trois en moyenne chaque année –, mais plus intenses. Auparavant, des cyclones avec des rafales de 80 km/heure ne survenaient que tous les dix ans.
Depuis 2005, ils réapparaissent tous les deux ans.

« Nous avons réparé la digue qui était vétuste mais, en cas de nouvel Haruna, je ne serai pas très serein, car nous avons fait avec les moyens que nous avions, c'est-à-dire pas grand-chose », confie, dans son bureau, à Toleara, Lydore Solondraza, directeur de l'administration générale et territoriale de la région Atsimo-Andrefana.

CI-CONTRE : Les habitants de Bekoake dans leurs champs de maïs.

L'ÉTAT EST **LE TROISIÈME PAYS AU MONDE LE PLUS EXPOSÉ** AUX RISQUES CLIMATIQUES EXTRÊMES.

Sous le portrait officiel du président malgache, Hery Rajaonarimampianina, élu démocratiquement début 2014, après cinq années d'instabilité politique à la suite d'un coup d'État, le haut fonctionnaire hésite à en dire plus. « *Nous sommes un peu délaissés par le pouvoir central, vous savez, nous sommes loin de Tana* [Antananarivo, la capitale] », finit-il par lâcher.
Le responsable a réussi à obtenir un Zodiac, un seul, et l'installation en 2014 de trois capteurs en amont du fleuve. « *En cas de montée des eaux, je reçois automatiquement un SMS, et je lance aussitôt les opérations de prévention.* » Début 2015, la tempête tropicale Fundi qui a balayé la région de Toleara a encore fait cinq morts.
La Croix-Rouge locale essaie tant bien que mal de pallier les insuffisances de l'État. « *Nous faisons des exercices de simulation dans 36 villages et 6 communes de la région, et nous allons construire dix abris anticycloniques collectifs* », liste Lucianno Rafalimonona dans une gargote, un verre de jus de papaye à la main. Comment juge-t-il l'efficacité des autorités ? Le secouriste ne prononcera pas le mot corruption. Simplement : « *Parfois, nous ne savons pas trop où va l'argent...* »
L'équation climatique de Madagascar est un casse-tête. L'État est l'un des plus pauvres de la planète, mais il a été classé comme le troisième pays au monde le plus exposé aux risques climatiques extrêmes. De quoi entraver un peu plus son développement.

« *Nos émissions de gaz à effet de serre sont marginales à l'échelle mondiale, nous sommes même un puits de carbone avec nos forêts, mais nous devons affronter les effets néfastes des actions des pays pollueurs, qui ne veulent toutefois pas nous aider* », constate, amer, Hery Rakotondravony, directeur du Bureau national de coordination des changements climatiques à Madagascar. La Grande Île a émis en 2013, 2,1 millions de tonnes de CO_2. Une goutte d'eau comparé aux pays industrialisés comme la France et ses 344 millions de tonnes de CO_2 rejetées dans l'atmosphère.
Le négociateur malgache s'est à Paris en octobre 2015 pour la conférence des Nations unies sur le climat (COP21). Il y a présenté une facture de 42 milliards de dollars (38 milliards d'euros), presque quatre fois le produit intérieur brut annuel de Madagascar, pour que le pays africain parvienne à s'adapter et atténuer les effets du changement climatique.
C'est à partir des années 1950 que le réchauffement a commencé dans la partie sud de Madagascar ; des années 1970 pour la partie nord.

CI-CONTRE, DE GAUCHE À DROITE :
- District de Tuléar sur la cote sud-ouest de Madagascar. Un cultivateur travaille dans sa plantation de patates douces dans le lit du fleuve Fiherenana.
- Des fortes pluies charrient d'année en année des sédiments qui se sont considérablement accumulés et ont peu à peu modifié le tracé du fleuve.
- Un puits artisanal de 3 mètres a été creusé pour les besoins du village.

Écartelée entre excès et rareté d'eau, entre bande côtière et arrière-pays, la région de Toleara représente un microcosme de la variété des dangers climatiques qui menacent le pays.
À commencer par ces pluies qui ne tombent plus comme avant. « *Avant, la saison des pluies commençait vers la fin octobre et allait jusqu'en mars, mais ces derniers temps elle se concentre de plus en plus de janvier à février*, constate Razafisoa Ratalata, chef traditionnel du village d'Ambiky. *Nous ne savons plus quand planter ou ensemencer, il est difficile d'anticiper pour gérer au mieux la récolte.* » Selon les cultures, le décalage du calendrier est de un à presque trois mois.

Ces pluies sont aussi plus intenses, augmentant ainsi les risques d'inondations. Le responsable local marche sur une digue en terre, près de l'embouchure du fleuve Onilahy. À droite, des rizières aux pousses verdoyantes, à gauche, du *baiboa*, mélange d'alluvions et de terre, charrié par le cours d'eau quand il déborde.
Il s'arrête à l'ombre d'un arbre. « *Notre communauté l'a construite en 2008 grâce à de l'argent de la Banque mondiale, le but était de stopper cette sédimentation qui croît à cause de la déforestation et l'érosion en amont du fleuve, ce qui empêche ensuite de cultiver*, raconte ce père de cinq enfants. *L'eau peut passer par-dessus la digue, mais au moins le sable et tout le reste sont bloqués.* » En 2013, Haruna avait plongé l'endroit sous 1,50 mètre d'eau.

« **NOUS NE SAVONS PLUS QUAND PLANTER OU ENSEMENCER**, IL EST DIFFICILE D'ANTICIPER POUR GÉRER AU MIEUX LA RÉCOLTE. »

C'est l'un des joyaux de la riche biodiversité malgache qui est aussi menacé d'asphyxie. Au nord de Toleara, 120 hectares de mangrove s'étirent sur 7 km. La pirogue zigzague entre les pieds des palétuviers. Une fois descendue de l'embarcation, Lara Danhaive gribouille un schéma avec des flèches. « *Le fleuve Fiherenana charrie les sédiments jusqu'ici, mais il y a aussi le vent du large qui pousse les dunes vers la mangrove et menace de l'étouffer* », explique la responsable de l'organisation non gouvernementale belge Honko.
En hauteur, des sisals apparaissent sur une colline de sable qui se déverse en partie au pied de la mangrove. « *Nous en plantons un maximum pour tenter de fixer les dunes* », précise la jeune femme.
Pour réparer les dégâts de la déforestation longtemps pratiquée par les habitants en quête de bois de construction et de charbon de bois, la petite équipe a également replanté 24 hectares de mangrove depuis 2008.

« **L'EAU TROUBLE EMPÊCHE LE RÉCIF** DE RECEVOIR SUFFISAMMENT DE LUMIÈRE DU JOUR. »

« Avec tous ces sédiments que charrie le fleuve – sans compter les cyclones dévastateurs –, le récif corallien est également fragilisé, prévient Lara Danhaive, biologiste de formation. *L'eau trouble, ainsi que la montée du niveau de la mer, empêche le récif de recevoir suffisamment de lumière du jour pour se développer. »*

Au large de la cité balnéaire s'étend le troisième récif le plus long du monde, sur près d'une vingtaine de kilomètres. *« Le réchauffement de l'océan menace de blanchir les coraux de Toleara, et en même temps cette évolution peut permettre au contraire de développer celui de l'extrême sud du pays qui souffre d'eaux trop froides »*, fait remarquer Paubert Mahatante, de l'Institut halieutique et des sciences marines de Toleara.

L'universitaire, qui est en train d'achever une thèse sur l'adaptation au changement

PAGES PRÉCÉDENTES : Les champs de maïs, de manioc et de coton ont été détruits lors du passage du cyclone Haruna en 2013.
CI-DESSOUS : Masimbo, pêcheur de poulpe.

« AILLEURS, ILS ESSAIENT DE DOMPTER LA NATURE. **ICI, NOUS N'EN AVONS PAS LES MOYENS.** »

climatique dans la région, lance toutefois une mise en garde. *« Aujourd'hui, la tendance est de conclure que tout ce qui se passe est lié au changement climatique. Mais attention*, prévient-il, *si c'est souvent un facteur aggravant, ce n'est pas toujours la cause principale. »*

Ces pêcheurs traditionnels de poulpes, mollusques et crustacés, rencontrés les pieds dans l'eau à proximité du village de Botsibotsiky, sont pointés du doigt. Dans le seau de Nente Mahay, de gros coquillages ressemblant à des bernard-l'ermite, qu'il est allé décrocher du récif à 4 mètres sous l'eau avec son masque et son tuba.

« L'endroit se dégrade, confirme le garçon de 18 ans, *des pêcheurs retournent les pierres et tapent dessus avec des pieux pour trouver des coquillages, mais ceux-ci ne peuvent alors plus se reproduire. »* Que faut-il faire ? *« Une campagne de sensibilisation a été réalisée, mais les gens, de plus en plus nombreux ici, ont faim. »*

À une heure de 4×4 au sud de Toleara, les habitants de la presqu'île de Sarodrano, village de pêcheurs construit sur le sable et bordé par une eau turquoise, peuvent en témoigner. Assise à l'ombre d'un séchoir en bois à algues, Vierge, qui n'a pas de nom de famille, doit avoir plus de 70 ans. *« Dans ma famille, nous sommes trois à avoir dû reconstruire nos maisons à un autre endroit à cause du sable qui les envahissait. »* Sur le toit de son logement fait de plaques de tôles, elle a posé des grosses pierres pour éviter les mauvaises surprises. Mais le sable s'accumule de nouveau tout autour de sa fragile demeure.
À quelques centaines de mètres, Andrea Baccaredda Boy a, lui, dû déplacer son restaurant il y a deux ans, malgré une construction sur pilotis. Devant un plat d'aiguillettes, cet Italien préfère prendre la chose avec philosophie : *« Ailleurs, dans le monde, ils essaient de dompter la nature. Ici, nous n'en avons pas les moyens. »*
Région la plus sèche du pays, le Grand Sud de Madagascar va avoir de plus en plus chaud. Une hausse de 1,6 à 2,6 °C d'ici au milieu de siècle est annoncée. Surtout, les périodes de sécheresse vont s'allonger, alors que 30 % à 60 % de la population locale souffre déjà régulièrement du *kere*, « la faim » en langue locale.

« LES GENS NE RESPECTENT PLUS LES TABOUS ET LES TRADITIONS : LES FEMMES METTENT DÉSORMAIS DES SHORTS AU LIEU DES JUPES, LES HOMMES SE PERCENT LES OREILLES, **LE BON DIEU N'EST PAS CONTENT.** »

Il faut rouler longtemps sur une piste poussiéreuse et cabossée, passer à côté de tombeaux funéraires donnant l'impression que les gens sont plus riches morts que vivants pour enfin atteindre le village d'Ampotake, de 280 âmes. Le vaste réservoir communautaire en bord en terre est vide. Ici, il ne tombe en moyenne que 500 millimètres d'eau par an.

La saison des pluies n'arrivera que d'ici quelques semaines, mais Kireta Madiotsara est inquiet. Ce paysan emmène le visiteur voir son champ de manioc d'à peine un demi-hectare. À un quart d'heure à pied, la terre est rouge, les feuilles du tubercule sont rares. « *Il y a de moins en moins de pluies régulières, j'ai peur de perdre ma récolte* », se désole celui qui remplit quatre charrettes à zébus de manioc les bonnes années.
Pourquoi pleut-il moins ? « *Les gens ne respectent plus les tabous et les traditions : les femmes mettent désormais des shorts au lieu des jupes, les hommes se percent les oreilles, le bon Dieu n'est pas content* », conclut Kireta Madiotsara, 20 ans, qui n'a pu aller à l'école que deux ans et qui sèche sur le nom de l'actuel président du pays.

Les villageois s'adaptent. Ils stockent précieusement de l'eau dans un trou creusé dans un baobab pour éviter qu'elle ne s'évapore. En ce mois d'octobre, où la saison sèche se termine, la température approche les 40 °C. La coopération allemande a aussi apporté il y a trois ans une citerne pour mieux récupérer l'eau, désormais à l'abri des excréments du bétail.
Devant chez Arleta, la cinquantaine, neuf chèvres, une poule et un bidon en métal de 200 litres d'eau, acheté dans un village voisin. Avec la hausse de la demande, le prix ne cesse d'augmenter. Désormais 7 000 ariarys, soit presque deux euros. « *Quand ça va très mal, nous mangeons des racines pour faire la soudure avec la prochaine récolte, mais je ne déménagerai pas, c'est ici le village de mes ancêtres* », insiste la mère de quatorze enfants. Lors des famines, le Programme alimentaire mondial (PAM) livre un sac de riz par foyer par mois.

Alors que les trois quarts de la population vivent de l'agriculture, il craint les conséquences de ce changement climatique : « *Les habitants vendent de plus en plus leur bétail et leurs biens, ils piochent trop dans les ressources de la nature et certains d'entre eux migrent, ce qui crée des conflits avec d'autres communautés.* »
Souvent en ordre dispersé, des ONG internationales mettent en avant des solutions dans la région : creuser davantage de puits, augmenter les rendements des cultures avec une gestion durable de la terre, utiliser des semences qui résistent mieux à la sécheresse, développer des sources de revenus alternatifs à l'agriculture.
À Antananarivo, deux jeunes Malgaches s'enthousiasment au siège du Bureau national de gestion des risques et des catastrophes. Devant un ordinateur portable, ils tracent du doigt des lignes sur la carte de Google Earth. « *Nous pourrions dévier ce cours d'eau pour le faire venir ici grâce à la dénivellation ou construire un pipeline de quelques centaines de kilomètres jusque-là*, imagine Sitraka Ranveliarivao. *Il nous faudrait juste un peu d'argent, mais ce serait vite rentabilisé, et cela changerait tellement la vie des gens !* »

CI-DESSUS : Madame Alerta, 50 ans, de Ampotake.

CI-CONTRE : Colette, 50 ans, pêcheuse de concombres de mer dans le village de Botsibotsiky.
CI-DESSOUS :
- Deux jeunes garçons de Botsibotsiky.
- Un habitant de Marotijery entre Anakao et Betioky dans le Sud-Ouest de Madagascar.
- Mme Zopeliny, femme du chef Fokontany (chef de commune) du village de pêcheurs Vezo, dans le Sud-Ouest de Madagascar. Elle protège son visage contre le soleil et le sel de mer avec du « masonjoany », le santal de Madagascar.

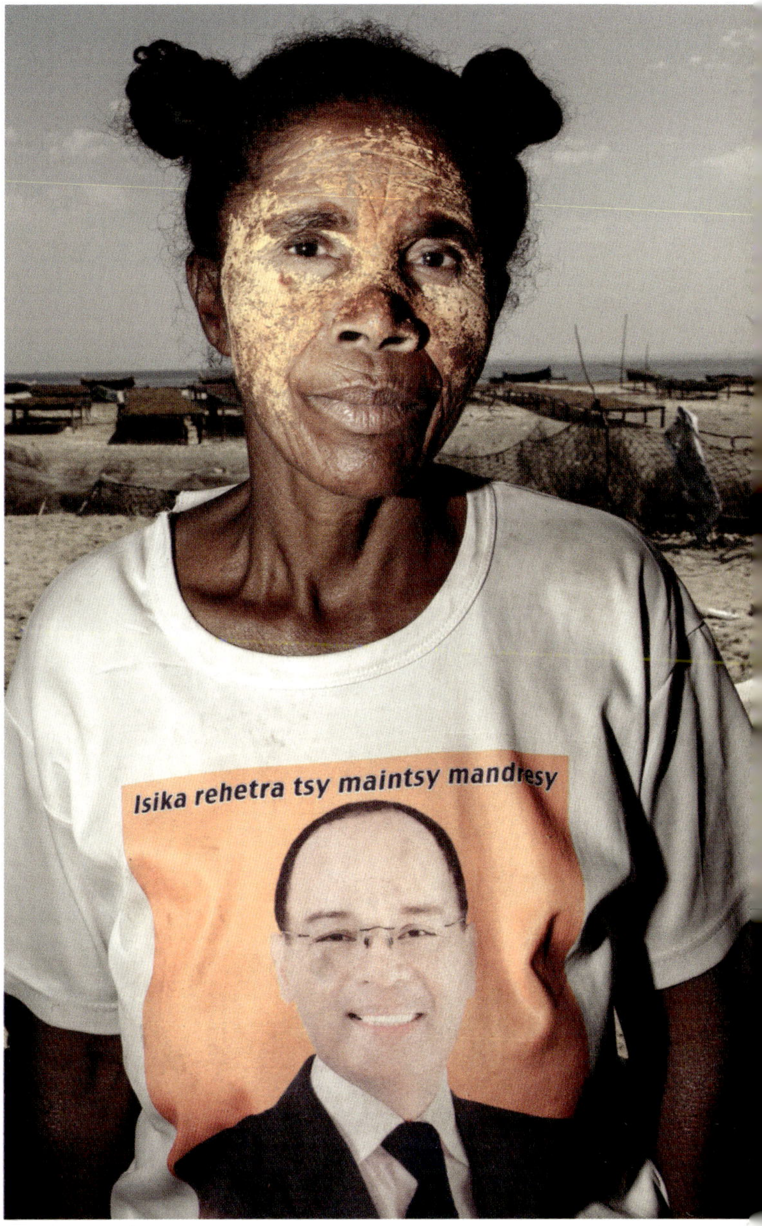

Texte : **PIERRE LE HIR**
Photos : **MORGAN FACHE / COLLECTIF ITEM**

LA RÉUNION
LA PROMESSE D'UNE ÎLE

EN GRANDE PRÉCARITÉ ET LOIN DE TOUT, LE TERRITOIRE ULTRAMARIN VEUT TIRER PARTI DE SES RESSOURCES NATURELLES, BAGASSE, EAU, SOLEIL ET VENT POUR GAGNER SON INDÉPENDANCE ÉNERGÉTIQUE.

C'est une image saturée de contrastes, de lumière aussi. Nous sommes début juillet, l'hiver austral, sur la côte nord-ouest de La Réunion. Au bout d'une route pierreuse, des grilles, surmontées de miradors coiffés de tôles vertes, gardent les 500 détenus d'un centre pénitentiaire. Autour des baraquements, des dizaines de milliers de panneaux photovoltaïques couvrent le sol, reliés à des batteries de stockage qui alimentent 12 000 foyers en évitant le rejet annuel de 8 000 tonnes de CO_2. Il y a là, encore, des serres équipées de capteurs, des ruches, un arboretum. Les jardiniers sont des détenus qui préparent leur réinsertion en faisant pousser tomates, piments et fruits de la passion, ou en plantant des essences d'arbres indigènes, bois de senteur blanc ou bois de natte. Une quinzaine de condamnés ont déjà bénéficié de cette formation sur le tas et un apprenti apiculteur va bientôt s'installer à son compte pour produire son miel.

Aube naissante, en créole *bardzour* (barre du jour) : la société Akuo Energy a bien choisi le nom de cette centrale solaire hors normes, mise en service fin 2014 et lauréate de la Fondation Nicolas Hulot, qui encourage les « *solutions pour le climat* ». Bien sûr, ce n'est qu'une lueur d'espoir sur le chemin d'un développement durable. Mais elle est exemplaire d'une « *démarche adaptée aux besoins du territoire, sur le plan économique, social et environnemental* », assure Jean-François Moser, directeur général adjoint de l'entreprise.

PAGES D'OUVERTURES : Seuls moyens d'accéder au site, l'hélicoptère ou un funiculaire.
CI-CONTRE :
- La centrale solaire *Bardzour* (aube naissante en créole), dans le centre de détention du Port.
- Des serres couvertes de panneaux solaires combinent production d'électricité, maraîchage et horticulture.

CI-DESSOUS : Des détenus-jardiniers volontaires pour un programme de réinsertion.

PAGES PRÉCÉDENTES : Au cœur du parc national, EDF a aménagé des barrages hydrauliques au milieu de pitons rocheux troués de cascades.

CI-DESSOUS :

- L'usine hydroélectrique de Takamaka 2, accrochée à flanc de paroi.
- À l'avenir, les cyclones devraient être plus intenses et les pluies plus rares.

UNE ÎLE LIVRÉE À ELLE-MÊME, AU MILIEU DE L'OCÉAN INDIEN, SANS AUCUNE CONNEXION AVEC LE RÉSEAU ÉLECTRIQUE.

À La Réunion, comme dans l'ensemble des départements et régions d'outre-mer, la transition énergétique est un impératif, en même temps qu'une gageure. C'est du ciel, depuis un hélicoptère, seul moyen d'accéder aux villages les plus reculés de cette île volcanique aux reliefs vertigineux, que l'on prend la mesure du défi, mais aussi des efforts déployés pour tirer parti de ses ressources naturelles.

Voici d'abord la zone d'activité du Port. C'est ici qu'arrive par bateau le charbon d'Afrique du Sud, le fioul, l'essence et le gaz de Suède, de Singapour ou des Émirats arabes unis. Ces combustibles fossiles assurent près de 90 % de l'approvisionnement énergétique d'une île livrée à elle-même, au milieu de l'océan Indien, sans aucune connexion avec un réseau électrique. C'est ici aussi qu'EDF a investi 500 millions d'euros dans une nouvelle centrale thermique au fioul, plus performante et moins polluante, pour « *sécuriser le développement des filières renouvelables* », explique Michel Magnan, directeur régional de l'entreprise publique.

Voici maintenant, dominé par le majestueux piton des Neiges, le cirque de Mafate. Un amphithéâtre de verdure et de roc entre ciel et terre, hérissé de promontoires, creusé de gorges et de ravines. Dans des hameaux perchés sur des nids d'aigle (les îlets) vivent toujours les descendants des esclaves marrons qui, aux temps sombres de la colonie, avaient trouvé refuge sur ces à-pics. Ceux-là, coupés du monde, ne doivent leur électricité qu'à de petites installations photovoltaïques, couplées à des batteries. Au sud, les cheminées fumantes de l'une des deux centrales thermiques d'Albioma, le premier producteur d'électricité de l'île. Pendant la campagne sucrière, de mi-juillet à mi-décembre, elles brûlent en priorité de la bagasse, le résidu fibreux de la canne à sucre – principale culture locale –, le charbon prenant ensuite le relais.

Sur l'autre versant, une fois franchies les arêtes où s'accrochent les nuages, des cascades jaillissent de la végétation épaisse. À flanc de paroi, EDF a édifié des barrages acrobatiques et creusé des galeries, où des usines hydroélectriques turbinent les eaux tumultueuses de la rivière des Marsouins. Voici encore une batterie régulant la production de fermes solaires et éoliennes, des moulins à vent plantés sur une crête, des centres commerciaux et des parkings aux toitures tapissées de panneaux solaires...
Avec tout cela, si les énergies renouvelables fournissent un tiers de l'électricité de l'île, elles couvrent à peine 14 % de ses besoins énergétiques. La loi pour la croissance verte que viennent d'adopter définitivement les députés fixe pourtant des objectifs très ambitieux aux régions ultramarines : 50 % d'énergies renouvelables en 2020, puis « *l'autonomie énergétique à l'horizon 2030* ». Trop vite, trop tôt, pensent les élus réunionnais, peu séduits par le souhait de la métropole de faire de leur communauté un « *laboratoire de la transition énergétique* ».
« *L'autonomie énergétique reste le but à atteindre. Mais il faut être réaliste, avancer par étapes*, défend le président du conseil régional, Didier Robert (Les Républicains). *Plutôt que de servir de terrain d'expérimentation, nous préférons être exemplaires, en impliquant toute la population.* » Sur ce point au moins, la députée socialiste de Saint-Denis, Ericka Bareigts, est d'accord. « *Notre territoire est en souffrance, il n'a pas vocation à devenir un banc d'essai*, plaide-t-elle. *Ce qu'il nous faut, c'est une vision d'avant-garde pour les vingt ou trente ans à venir, incluant l'énergie, l'habitat, les transports... C'est d'un projet de société qu'il s'agit.* »

MAILLEUX
MX 100

EN INDONÉSIE
LA FORÊT ASSASSINÉE

Texte : **HAROLD THIBAULT**
Photos : **RONY ZAKARIA**

PAGES D'OUVERTURE : Des enfants de la tribu Suku Anak Dalam entre les palmiers à huile qui ont remplacé la jungle où leurs familles vivaient auparavant.
CI-DESSUS : Les Suku Anak Dalam, tribu de chasseurs-cueilleurs, ont vu leur jungle se réduire en peau de chagrin à cause des plantations de palmiers à huile. Régulièrement expulsés de leurs campements de fortune, ils doivent remballer tous les deux ou trois jours et s'établir quelques kilomètres plus loin, le temps qu'on les en chasse de nouveau.

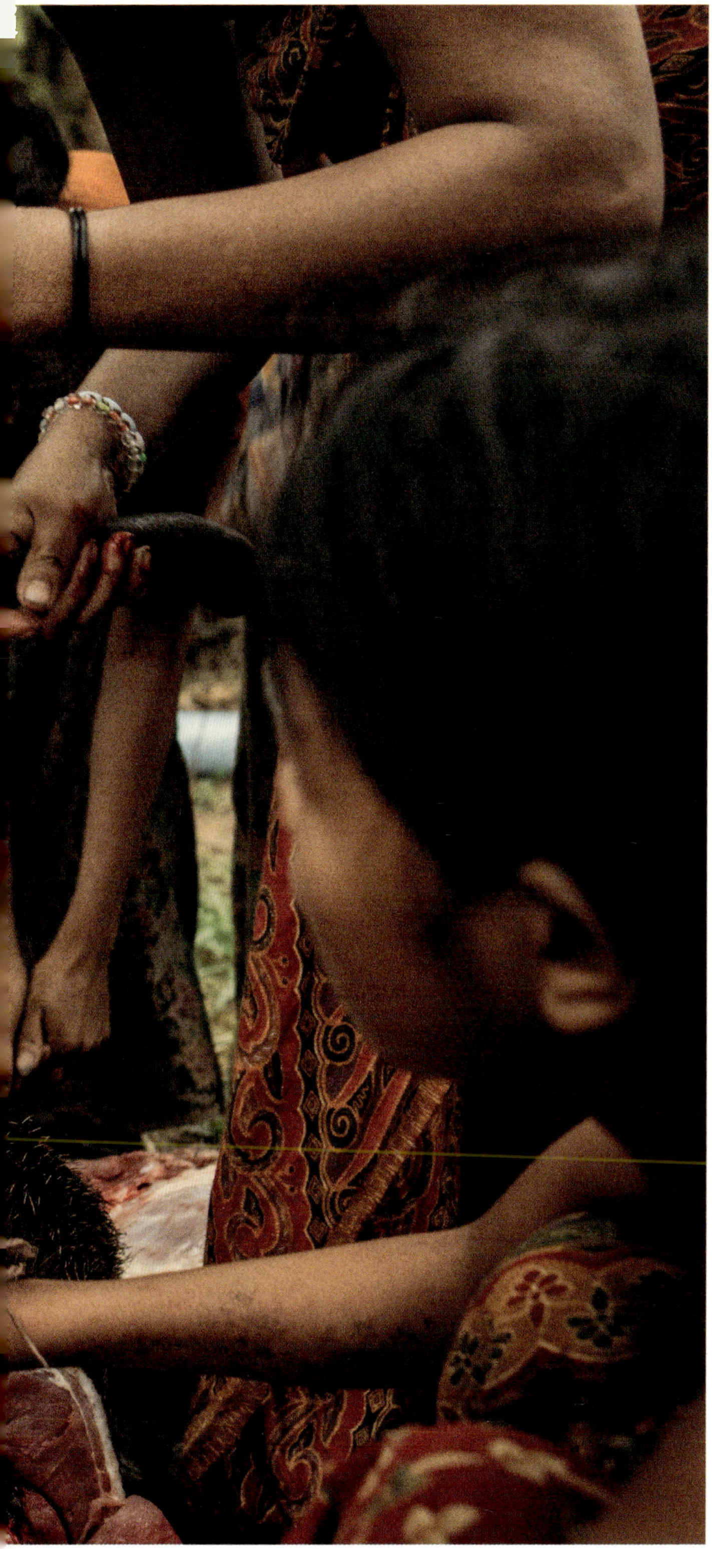

CHAQUE ÉTÉ, DES INCENDIES D'ORIGINE CRIMINELLE RÉDUISENT EN CENDRES DES PANS ENTIERS DU TERRITOIRE DES SUKU ANAK DALAM, UNE TRIBU SEMI-NOMADE DE LA FORÊT DE SUMATRA.

Il fut un temps, pas si lointain, où les Suku Anak Dalam pouvaient encore tomber nez à nez avec un tigre dans la forêt vierge. De cette période, Pagbu, l'un des chefs de famille de la tribu, tire un conseil : en cas de rencontre avec le grand félin, prendre ses jambes à son cou, de préférence avant qu'il ne vous remarque.
En réalité, ces chasseurs-cueilleurs ne croisent plus aujourd'hui le prédateur dont l'habitat, qui est aussi le leur, s'est réduit à peau de chagrin. Sous les coups des industriels de l'huile de palme, du bois et de la papeterie, la jungle recule inéluctablement et un nombre croissant de familles vit désormais au beau milieu d'une palmeraie.

Chaque été, des incendies d'origine criminelle réduisent en cendres des pans entiers de la forêt de Sumatra, les fumées cédant place, lorsque tombent les premières pluies, à l'automne, à des paysages calcinés. Il suffit alors de couper les souches noircies à la machette avant de pouvoir planter des palmiers, et c'est ce que font Oyriya, 44 ans, et Rossita, 32 ans. « *C'est comme ça chaque année, il est beaucoup plus simple de couper lorsque ça a brûlé* », explique cette dernière. Rossita n'y est pas pour grand-chose. Embauchée comme journalière pour un salaire des plus modeste par une certaine Madame Anna, elle a d'ailleurs elle aussi souffert de l'air irrespirable, comme tous les habitants de cette région du centre de Sumatra. Elle n'est qu'un maillon d'une longue chaîne passant par de puissants conglomérats qui savent se faire entendre à Djakarta et se prolonge ensuite dans l'industrie agroalimentaire jusque dans les supermarchés occidentaux.

CI-CONTRE : Des migrants originaires de Java récoltent des grappes dans une plantation de palmiers à huile qui a remplacé la forêt vierge en marge du parc national de Bukit Duabelas, dans le centre de Sumatra.

CES FEUX PERMETTENT DE **FAIRE PLACE NETTE À MOINDRE FRAIS** POUR DE NOUVELLES PLANTATIONS DE PALMIERS À HUILE.

Les étés sont de plus en plus meurtriers pour les forêts des deux plus grandes îles d'Indonésie que sont Bornéo et Sumatra. Les experts locaux jugent que celui de 2015 fut pire encore que celui qui, en 1997, avait déjà marqué tous les esprits. Les deux principaux aéroports du centre de Sumatra, dans les villes de Pekanbaru et Jambi, ont dû fermer leurs portes pendant deux mois. Les brasiers indonésiens ont cette fois enfumé une bonne partie de l'Asie du Sud-Est, plongeant Singapour, la Malaisie, le Sud de la Thaïlande, une partie des Philippines ou même Ho Chi Minh-Ville, au Vietnam, dans un brouillard inextricable.

Les sécheresses causées dans l'archipel par le phénomène climatique El Niño, généralement à partir du mois de juin, ont amplifié ces incendies devenus hors de contrôle. Selon l'agence Bloomberg, qui a compilé les données du World Resources Institute, à Washington, et de l'Université libre d'Amsterdam, les émissions de dioxyde de carbone de l'Indonésie ont dépassé en 2015 celles des États-Unis durant quarante-sept des soixante-quatorze jours de crise, se plaçant même, pendant quatorze jours, devant la Chine, le premier pollueur mondial. À quoi s'ajoute la réduction de la capacité de séquestration du carbone, conséquence du recul des forêts.

L'Indonésie est le cinquième plus gros émetteur mondial de gaz à effet de serre, devant le Brésil. La vie est devenue un enfer pour les habitants de la région. Plus de 503 874 cas d'infection respiratoire aiguë et dix décès, du fait de maladies respiratoires ou d'accidents pendant les opérations d'extinction dans les six principales provinces touchées au cours de la crise, ont été recensés par l'Agence indonésienne de gestion des catastrophes.

Les ONG locales ne se font pas d'illusion sur la cause de ces feux : ils permettent de faire place nette à moindres frais pour de nouvelles plantations de palmiers à huile, d'hévéa à caoutchouc ou d'acacia à pâte à papier. *« Pour préparer le terrain, c'est moins cher que par voie mécanique car, sinon, il faut faire intervenir les pelleteuses »*, résume Rudi Syaf, responsable de la communication de Warsi, une ONG basée à Jambi, principale ville de la région du même nom, l'une des plus touchées par la déforestation.
En 1982, cette province s'étendant sur 5 millions d'hectares comptait 4,18 millions d'hectares de jungle, *« presque tout Jambi en était couvert »*. En 2014, c'était un peu moins de 2,1 millions d'hectares. Même ce dernier chiffre est trompeur, car 963 000 hectares relèvent en fait de la forêt dite « de production », capable de se renouveler en théorie, mais rarement dans les faits, et 258 000 hectares sont destinés à *« l'exploitation limitée »*, c'est-à-dire qu'on n'y coupe que les troncs d'un diamètre supérieur à 60 centimètres. En fait, seuls 864 000 hectares sont inclus dans des parcs nationaux ou régionaux, eux-mêmes loin d'être exempts d'incursions de l'agro-industrie.

CI-CONTRE :
- Des souches encore fumantes malgré les premières pluies qui viennent de tomber sur Sumatra.
- Employée en journalière, Rossita s'aide de sa machette pour venir à bout des souches qui restent après les premières pluies sur les terrains qui ont brûlé depuis l'été.

CI-DESSOUS : Les camions-citernes d'huile de palme brute et des camions chargés de régimes de noix de palme se relaient sur la nationale trans-Sumatra.

La structure des plantations de palmiers à huile favorise ces incendies. Un maillage de canaux est nécessaire à l'irrigation, qui sont également utiles au transport des grappes de noix, mais ces voies artificielles se révèlent trop larges et profondes, de sorte qu'elles restent vides pendant la saison sèche, explique Rudi Syaf : *« C'est un facteur majeur dans la propagation des feux de forêt. »*
Toute la région porte la marque de ces changements. Sur les routes, les convois de camions-citernes sortent remplis d'huile des raffineries et croisent en sens inverse des bennes chargées de régimes de noix de palme, des grappes piquantes qui peuvent peser une bonne vingtaine de kilos. Ils doublent des Mobylette équipées de grands paniers métalliques permettant d'aller chercher le fruit entre les palmiers. Là, des indépendants s'activent, les yeux toujours vers le haut, maniant une serpe montée au bout d'un long manche leur permettant de couper les palmes et, ainsi, de laisser tomber les régimes au sol – leur art consistant à s'écarter avant cette dangereuse chute. C'est cette réalité qui détruit le mode de vie des Suku Anak Dalam. *« La forêt est tout pour nous »*, résume le chef Pagbu. Littéralement tout, c'est-à-dire pas seulement le lieu de chasse et le logement traditionnel de ces semi-nomades qui déplacent leur campement à chaque décès. Elle est aussi une religion pour ces animistes qui enterrent le placenta des nouveau-nés au pied d'un arbre.

« LA FORÊT EST TOUT POUR NOUS », RÉSUME UN CHEF DE TRIBU.

CI-DESSUS : En 2010, la province annonçait un moratoire sur la conversion de zones protégées en terrains exploitables mais les contours de celui-ci ont, depuis, été modifiés six fois.
PAGES SUIVANTES : Au milieu des plantations de palmiers, une raffinerie d'huile. Environ 1,9 million d'hectares dans la province centrale de Jambi seraient aujourd'hui consacrés à ces exploitations, sur une superficie totale de 5 millions d'hectares.

CI-DESSOUS : Des employés prennent soin des pousses de palmiers qui seront ensuite vendues et plantées dans les nouvelles palmeraies de la région de Jambi, dans le centre de Sumatra, où elles sont devenues la principales activité économique.

Texte : **GILLES PARIS**
Photos : **CHRISTOPHER MORRIS / VII**

LA NOUVELLE-CITADELLE **MENACÉE PAR LES EAUX**

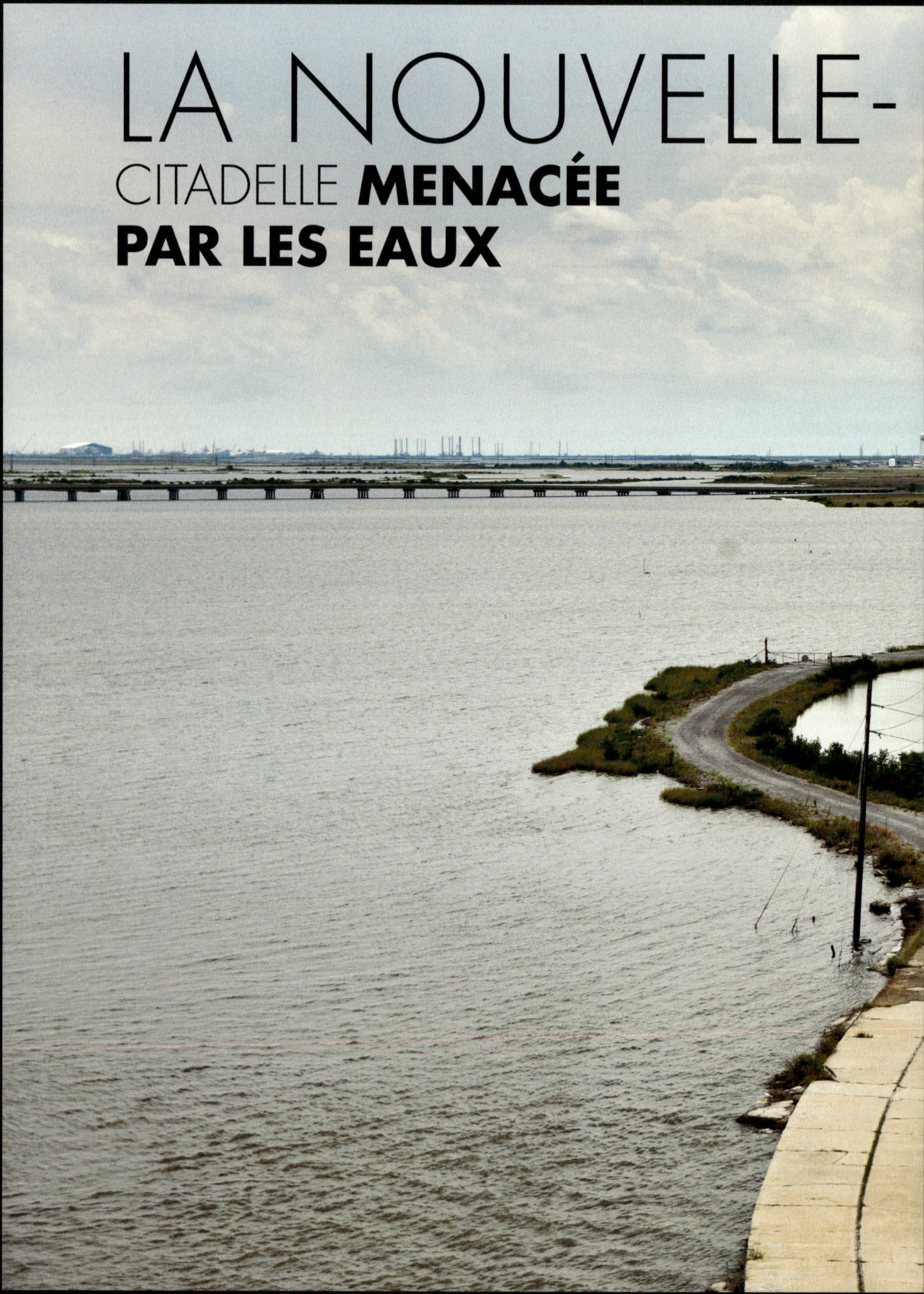

ORLÉANS

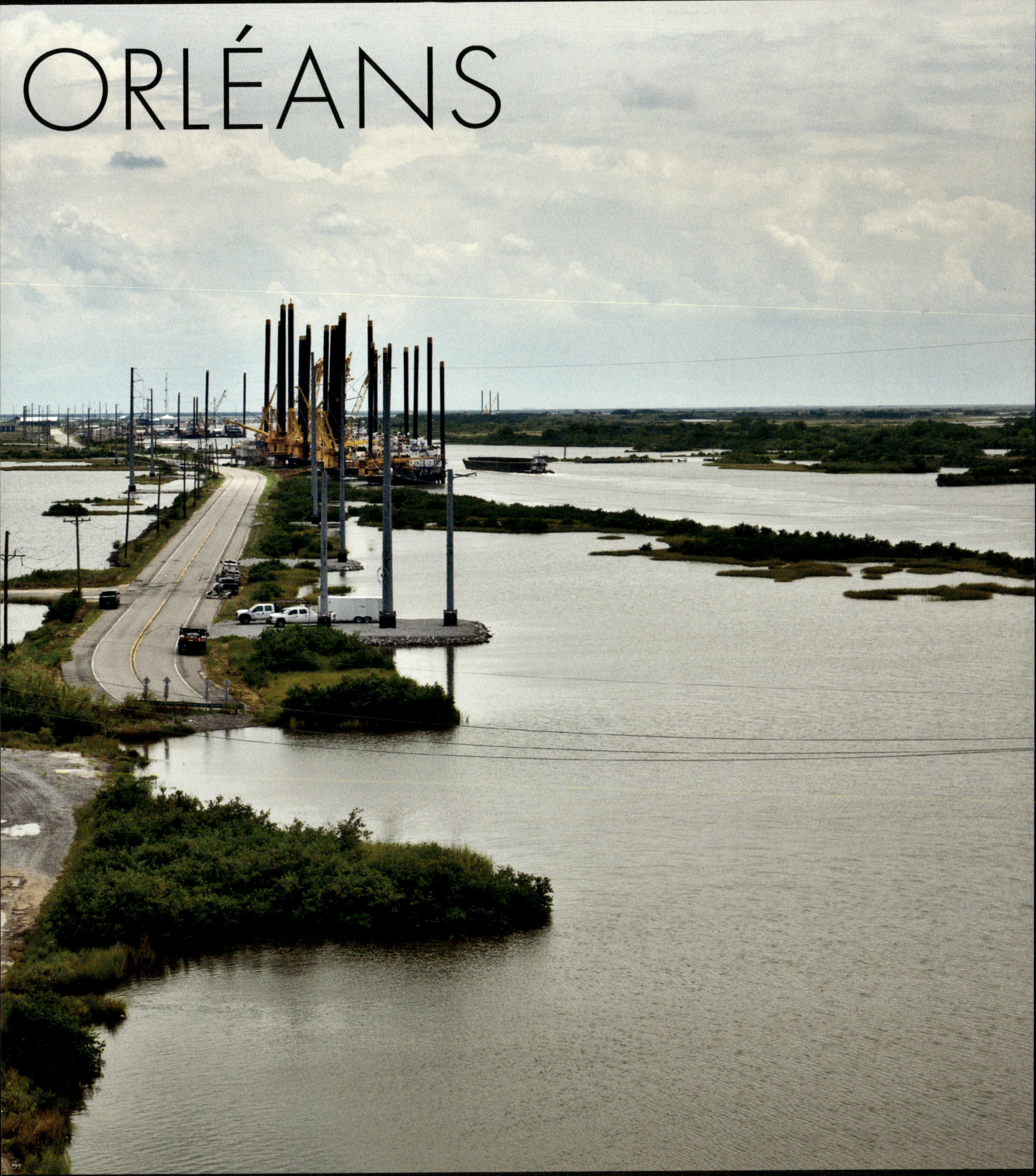

CI-DESSUS : Une muraille de béton de plus de six mètres de hauteur court tout le long de la limite ouest du Lower Ninth Ward, à La Nouvelle-Orléans.

PAGES D'OUVERTURE : Après Leeville, la route prend de la hauteur, juchée sur les piles d'un pont interminable, pour éviter d'avoir les pieds dans l'eau.
CI-DESSOUS :
- Nouvelle-Orléans, dix ans après Katrina, quartier Lower Ninth Ward.
- Certaines habitations ont encore les traces de l'ouragan, ici les portes de secours d'une maison à Nouvelle-Orléans dans le Lower Ninth Ward.

Metro
ECHO

1928

LES NOUVELLES LIGNES DE DÉFENSE CONTRE LES EAUX ONT COÛTÉ PLUS DE 14 MILLIARDS DE DOLLARS AUX CONTRIBUABLES AMÉRICAINS.

Au lendemain du passage meurtrier de Katrina, les critiques avaient plu sur ce corps d'élite dépendant de l'armée. Responsables des grands travaux décidés après la grande inondation de 1927, ces ingénieurs avaient enserré la ville dans le plus grand réseau de digues de son histoire. Mais le lent affaissement des terres a mis en évidence les faiblesses structurelles de murailles dépourvues de véritable assise et qui se sont effondrées comme des dominos sous l'effet de flots dotés d'une puissance inédite. Les critiques ont été décuplées par la mise en évidence des effets destructeurs de réalisations de ce même corps d'élite, à commencer par le percement d'un canal reliant le Mississippi aux eaux du golfe du Mexique, le Mississippi River Gulf Outlet. Cette autoroute aquatique censée augmenter les capacités portuaires était obsolète dès sa mise en fonction, avec l'accroissement de la jauge des bateaux. Mais, en 2005, elle a procuré à l'ouragan un accès idéal à la ville jusqu'au Lower Ninth Ward, pendant que la défaillance de ses digues noyait les 100 000 hectares de la paroisse Saint-Bernard, aux portes de la métropole.
Après la catastrophe, il a fallu l'insistance d'experts néerlandais et l'activisme d'organisations citoyennes, comme Levees.org, pour convaincre les ingénieurs de la nécessité de fermer cet axe stratégique par de nouvelles digues. *« Cela a pris un peu de temps*, soupire H. J. Bosworth, l'un des experts de cette association. *Les ingénieurs de l'Army Corps considèrent souvent qu'ils sont les seuls à savoir mais, au final, nous sommes satisfaits du résultat. On peut dire que La Nouvelle-Orléans n'a jamais été aussi bien protégée qu'aujourd'hui. »* L'eau est pourtant toute proche derrière le mur de béton entourant, là aussi, le canal qui file en ligne droite vers le lac Pontchartrain, bien plus haute que les maisons du quartier. Mais H. J. Bosworth ne doute pas de la solidité du rempart.

Tous les maux de la ville ne sont certes pas réglés. Lorsqu'on demande aux habitants du Lower Ninth Ward s'ils se sentent en sécurité, ils sont nombreux à évoquer spontanément le crime plutôt que la menace d'une nouvelle inondation. Mais, à ce chapitre, La Nouvelle-Orléans apprécie manifestement le répit apporté par ses nouvelles lignes de défense, qui ont coûté plus de 14 milliards de dollars (12 milliards d'euros) aux contribuables américains, une somme allouée par le Congrès, mais dont l'entretien revient désormais à l'État de Louisiane et à la ville. Cette somme, H. J. Bosworth la relativise compte tenu des services rendus selon lui par le port de La Nouvelle-Orléans, porte d'entrée et de sortie des États-Unis sur le monde.

PAGES PRÉCÉDENTES : En 2005, Marie-Belle Nelson-Johns, installée rue Deslonde, n'imaginait pas finir ses jours ailleurs. « J'ai retrouvé certains de mes voisins, mais ce n'est plus comme avant, il n'y a plus un seul magasin ici. »
CI-CONTRE : H. J. Bosworth, l'un des experts de association Levees.org.
CI-DESSOUS : La digue qui longe le quartier de Lower Ninth Ward.

CI-CONTRE :
- John Lopez a dirigé une fondation consacrée à la préservation des eaux salées du lac Pontchartrain, et s'occupe désormais d'un programme visant celle des côtes.
- La sécurité mise en place après l'ouragan de 2005 prend la forme d'une série de portes, pesant chacune onze tonnes, au bout du London Avenue Canal, au nord de la ville. Elles sont capables, une fois abaissées de faire barrage aux vagues venues du lac Pontchartrain en cas de crue.

L'OCÉAN GRIGNOTE LA SUPERFICIE D'UN TERRAIN DE FOOTBALL AMÉRICAIN **TOUTES LES HEURES.**

Ricky Boyett, pourtant, se garde du moindre triomphalisme. « *C'est bien de pouvoir montrer tout ce qu'on a fait depuis Katrina*, explique-t-il, *mais le pire serait que les gens se bercent d'illusions.* » « *Tout cela permet de limiter les dégâts*, assure-t-il, en montrant le barrage qui sera remplacé en aval par un dispositif encore plus perfectionné en construction, *mais il faudra toujours se tenir prêt pour une nouvelle évacuation.* » Cette crainte d'une trop grande autosatisfaction taraude également John Lopez, qui a dirigé une fondation consacrée à la préservation des eaux salées du lac Pontchartrain et qui s'occupe désormais d'un programme visant celle des côtes. John Lopez plaide depuis longtemps pour une stratégie de « *lignes de défense multiples* » face aux tempêtes. Une stratégie qui rappelle que les digues ne peuvent pas tout. Les meilleures intentions peuvent se révéler mortelles. Les digues érigées avant et après la grande inondation de 1927 ont certes évité à La Nouvelle-Orléans de subir les excès du Mississippi, « grand fleuve » de son nom amérindien, mais elles ont aussi privé le delta des alluvions charriées jusqu'alors, le privant de munitions face aux attaques incessantes de l'océan. Selon les chiffres de la *Coastal Protection et Restoration Authority* (CPRA), près de 1 900 miles carrés (4 900 km^2) ont disparu des côtes de Louisiane depuis 1930, principalement autour de La Nouvelle-Orléans. Un total de 1 700 miles carrés s'évanouira également d'ici à cinquante ans si rien n'est entrepris. La Nouvelle-Orléans deviendra une île forteresse.

Les comparaisons à vertu pédagogique sont devenues monnaie courante pour faire prendre conscience du péril. L'équivalent de la superficie de l'État du Delaware est désormais recouvert par l'océan, qui grignote celle d'un terrain de football américain toutes les heures. À ce rythme, Central Park disparaîtrait en un mois, et Manhattan en un an et demi... Dans « *les lignes de défense multiples* » qui tiennent tant à cœur à John Lopez, la moitié d'entre elles sont naturelles : il s'agit des marais salés, ou d'eau douce, consolidés par la végétation, des bras de mer et des levées naturelles qui ont pour mission de briser l'élan des vagues. De protéger les digues qui protègent les hommes.

À l'entrée du bayou Saint-Jean qui donne sur le lac Pontchartrain, John Lopez fait visiter le petit marais qui vient d'être reconstitué sur l'une des rives en tirant profit d'un dragage. En un peu plus d'un an, les herbes et les plantes résistantes à l'eau salée ont enfoui leurs racines dans le sol reconstitué qui résiste désormais aux vagues du lac, réduisant d'autant les risques d'érosion à la base de la digue qui enserre le bayou. « *C'est très dynamique et très encourageant, même si c'est aussi coûteux* », assure-t-il.

CI-CONTRE :
- Après Leeville, le Lac Raccourci est totalement noyé dans la baie de Terrebonne.
- Vue du pont, après Leeville.

« SI TU CASSES, TU RÉPARES. »

L'argent n'est pourtant pas le seul obstacle à la préservation du delta, à l'heure du réchauffement climatique et de la crainte de la montée des eaux. C'est à plusieurs milliers de kilomètres de là, au bâtiment des Archives nationales, près de Washington, qu'il faut se rendre pour rencontrer l'un des procureurs les plus incisifs en ce qui concerne les maux côtiers de la Louisiane. L'écrivain John Barry y travaille à la rédaction d'un ouvrage consacré à une plainte qu'il avait déposée en 2013 avec un collectif contre l'industrie gazière et pétrolière. Un secteur qui irrigue le tissu économique de l'État au pélican, avec 50 000 puits forés depuis 1920 – onshore et offshore – et 16 000 km de pipelines installés. L'influence de cette industrie sur les élus est difficile à contrecarrer. John Barry en a fait l'expérience en n'étant pas reconduit, après avoir déposé la plainte, au conseil d'administration d'un organisme de protection contre les inondations placé sous l'autorité du gouverneur Bobby Jindal – qui a depuis quittés ses fonctions début 2016. Il n'a pas été le seul à être ainsi écarté. Cet homme inclassable, à l'ironie grinçante, se sert d'une autre comparaison, pour une autre démonstration : « *Quand vous sortez un bloc de glace de votre congélateur, il fond lentement. Si vous le brisez, en revanche, la fonte s'accélère. L'effet est le même avec les dizaines de canaux qui ont été creusés par les pétroliers pour relier leurs plates-formes offshore à la terre ferme.* » Cette image revient à l'esprit lorsque l'on emprunte la route qui mène à Port Fourchon, avant-poste sur l'océan, à une heure et demie de La Nouvelle-Orléans. À partir de la petite ville de Golden Meadow, l'eau commence à l'emporter sur la terre. Le long du bayou Lafourche, les panneaux invitant les bateaux à adopter une vitesse réduite, pour éviter que les vagues de leur sillage ne fragilisent plus encore les berges, en disent long sur la fragilité du statu quo. Après Leeville, la route prend d'ailleurs de la hauteur, juchée sur les piles d'un pont interminable, pour éviter d'avoir les pieds dans l'eau. À sa hauteur, le Lac Raccourci est désormais totalement noyé dans la baie de Terrebonne. Plus au sud, les minces îles Timbalier résistent encore, mais pour combien de temps ?

Dans les couloirs de l'université Tulane, à La Nouvelle-Orléans, un autre franc-tireur n'a pas de mots assez durs à l'égard de l'impact des compagnies pétrolières sur l'état de la côte. Oliver Houck, qui enseigne le droit et qui est passionné par les questions d'environnement, s'est installé définitivement en Louisiane après avoir bataillé victorieusement contre un projet de drainage du grand marais d'Atchafalaya par le corps des ingénieurs de l'armée, il y a des décennies. « *Les pétroliers ne prennent pas leur part de responsabilités, ils préfèrent mettre en cause les digues. Ils connaissent la règle : si tu casses, tu répares. Et ça, ils ne le veulent pas.* »

Le paradoxe de La Nouvelle-Orléans est qu'une seconde catastrophe va pourtant permettre en partie de lutter contre les effets d'une première. Une partie des indemnités que doit verser la compagnie BP après la pollution entraînée par l'explosion de la plate-forme Deepwater Horizon dans le golfe du Mexique, en 2010, va alimenter en effet les caisses de la Louisiane et donc permettre de réaliser des travaux engagés après Katrina. La plainte déposée notamment par John Barry aurait toutefois permis de financer davantage encore ces projets de préservation. Un juge, ancien élève du professeur Houck, l'a estimée cependant non recevable, et ce dernier ne s'attend pas à un miracle en appel.
La publicité faite à la plainte a cependant accéléré la prise de conscience des périls à venir et des responsabilités humaines pour une catastrophe présentée initialement comme naturelle. Tout comme l'activisme des associations qui avaient pris le relais de rouages administratifs et politiques totalement dépassés par les événements en 2005. Après Katrina, l'architecte David Waggonner a ainsi contribué à amorcer une réflexion publique en mettant en cause des décennies de rapports hostiles de la ville à son environnement aquatique. Installé dans son cabinet de Garden District, quartier élégant de la ville, il manipule comme un talisman la petite maquette d'une coupe de la ville soulignant la profondeur du lit du Mississippi. *« Au lieu de vivre contre l'eau qui est partout*, glisse-t-il, *le temps est venu de vivre avec elle. »*

©Éditions Plume de carotte
28 impasse des Bons Amis
31200 Toulouse
E-mail : contact@plumedecarotte.com
Site : www.plumedecarotte.com

Dépôt légal : octobre 2016
ISBN : 978-2-36672-106-5

Textes :
© *Le Monde* ; Rémi Barroux (Banyuls), Angela Bolis (Kiribati),
Julien Bouissou (Bangladesh), Sébastien Hervieu (Afrique du Sud et Madagascar),
Pierre Le Hir (Alpes et Réunion), Gilles Paris (Nouvelle-Orléans),
Simon Roger (Spitzberg), Harold Thibault (Chine, Indonésie et Yangzi),
Martine Valo (Camargue et île de Pâques) ;
préface de Sophie Landrin et Audrey Garric,
service Planète/Science du journal *Le Monde*.

Photographies :
Bruno Amsellem / Divergence (Alpes), Georges Bartoli / Divergence (Banyuls),
Angela Bolis et Martin Chouraqui (Kiribati), François Deladerrière (Camargue),
Morgan Fache / Collectif Item (Réunion), Kashfi Halford / Fondation Bertarelli (îles de Pâques),
Christopher Morris / VII (Nouvelle-Orléans), Sarker Protick (Bangladesh),
RijaSolo / Riva Press (Madagascar), Gilles Sabrié (Chine et Yangzi),
Paolo Verzone / Vu (Spitzberg), Alexia Webster (Afrique du Sud),
Rony Zakaria (Indonésie).
Merci à CREA Mont-Blanc et aux Amis du vieux Chamonix pour
la mise en disposition gracieuse des images du glacier d'Argentière (p. 156/157).
Photo de couverture : Sarker Protick
L'ensemble des reportage photos a été produit par *Le Monde*.

Cartes : service infographie *Le Monde*

Création graphique : Guy de Guglielmi
Mise en page : Catherine Racine (Plume de carotte)
Suivi éditorial : Frédéric Lisak et Kim Dallet (Plume de carotte)
Correction : Isabelle Delatour-Nicloux

Merci à Juliette Boukobza, à Marie Lelièvre et à Sophie Landrin, du journal *Le Monde*,
de leur accompagnement et de leur soutien.

Imprimé par IME by Estimprim, à Autechaux (Doubs, France), en septembre 2016,
sur du papier issu de forêts gérées durablement.

Cet ouvrage a été réalisé avec le soutien du Centre régional des lettres Midi-Pyrénées et de la Région Occitanie.

Depuis 2008, Plume de carotte est engagée dans une démarche de qualité environnementale, sur son activité de conception et de réalisation de livres.
Ainsi, tous nos livres sont conçus et fabriqués :

- avec des papiers plus respectueux de l'environnement,
- avec des encres à base d'huile végétale,
- chez des imprimeurs situés à moins de 1 000 km de nos locaux et de ceux de notre distributeur.

Pour en savoir plus : www.plumedecarotte.com, rubrique « Qui sommes-nous ? »